高等学校环境艺术设计专业教学丛书暨高级培训教材

家具设计

(第二版)

清华大学美术学院环境艺术设计系

李凤崧 编著

中国建筑工业出版社

图书在版编目(CIP)数据

家具设计/李凤崧编著. —2版. —北京：中国建筑工业出版社，2005
（高等学校环境艺术设计专业教学丛书暨高级培训教材）
ISBN 978-7-112-07582-9

Ⅰ. 家… Ⅱ. 李… Ⅲ. 家具—设计—高等学校—教材 Ⅳ. TS664.01

中国版本图书馆 CIP 数据核字(2005)第 056886 号

本书包括7章内容：概论、家具发展的简要历史、家具工艺、家具的尺度、家具造型的一般规律、家具设计的方法与步骤、设计实例分析。并附有大量的黑白和彩色照片。

本书可供各类高等院校环境艺术专业的教师、学生，同时也面向各类成人教育专业培训班的教学，也可作为专业设计师和各类专业从业人员提高专业水平的参考书。

* * *

责任编辑：胡明安　姚荣华
责任设计：董建平
责任校对：王雪竹　王金珠

高等学校环境艺术设计专业教学丛书暨高级培训教材
家 具 设 计
（第二版）
清华大学美术学院环境艺术设计系
李凤崧　编著

*

中国建筑工业出版社出版、发行（北京西郊百万庄）
各地新华书店、建筑书店经销
北京天成排版公司制版
北京云浩印刷有限责任公司印刷

*

开本：880×1230毫米　1/16　印张：8¾　插页：8　字数：270千字
2005年7月第二版　2009年8月第十八次印刷
定价：34.00元
ISBN 978-7-112-07582-9
(13536)

版权所有　翻印必究
如有印装质量问题，可寄本社退换
（邮政编码　100037）

本社网址：http://www.cabp.com.cn
网上书店：http://www.china-building.com.cn

第二版编者的话

艺术，在人类文明的知识体系中与科学并驾齐驱。艺术，具有不可替代完全独立的学科系统。

国家与社会对精神文明和物质文明的需求，日益倚重于艺术与科学的研究成果。以科学发展观为指导构建和谐社会的理念，在这里决不是空洞的概念，完全能够在艺术与科学的研究中得到正确的诠释。

艺术与科学的理论研究是以艺术理论为基础向科学领域扩展的交融；艺术与科学的理论研究成果则通过设计与创作的实践活动得以体现。

设计艺术学科是横跨于艺术与科学之间的综合性边缘性学科。艺术设计专业产生于工业文明高度发展的20世纪。具有独立知识产权的各类设计产品，以其艺术与科学的内涵成为艺术设计成果的象征。设计艺术学科的每个专业方向在国民经济中都对应着一个庞大的产业，如建筑室内装饰行业、服装行业、广告与包装行业等等。每个专业方向在自己的发展过程中无不形成极强的个性，并通过这种个性的创造以产品的形式实现其自身的社会价值。

正是因为这样的社会需求，近年来艺术设计教育在中国以几何级数率飞速发展，而在所有开设艺术设计专业的高等学校中，选择环境艺术设计专业方向的又占到相当高的比例。在这套教材首版的1999年，可能还是环境艺术设计专业教材领域为数不多的一两套之列。短短的五六年间，各种类型不同版本的专业教材相继面世。编写这套教材的中央工艺美术学院环境艺术设计系，也在国家高校管理机制改革中迅即转换成为清华大学的下属院系。研究型大学的定位和争创世界一流大学的目标，使环境艺术设计系在教学与科研并行的轨道上，以快马加鞭的运行状态不断地调整着自身的位置，以适应形势发展的需求，这套教材就是在这样的背景下修订再版的，并新出版了《装修构造与施工图设计》，以期更能适应专业新的形式的需要。

高等教育的脊梁是教师，教师赖以教学的灵魂是教材。优秀的教材只有通过教师的口传身授，才能发挥最大的效益，从而结出累累的教学成果。教师教材之于教学成果的关系是不言而喻的。然而长期以来艺术高等教育由于自身的特殊性，往往采取一种单线师承制，很难有统一的教材。这种方法对于音乐、戏剧、美术等纯艺术专业来讲是可取的。但是作为科学与艺术相结合的高等艺术设计专业教育而言则很难采用。一方面需要保持艺术教育的特色，另一方面则需要借鉴理工类专业教学的经验，建立起符合艺术设计教育特点的教材体系。

环境艺术设计教育在国内的历史相对较短。由于自身的特殊性，其教学模式和教学方法与其他的高等教育相比有着很大的差异。尤其是艺术设计教育完全是工业化之后的产物，是介于艺术与科学之间边缘性极强的专业教育。这样的教育背景，同时又是专业性很强的高校教材，在统一与个性的权衡下，显然两者都是需要的。我们这样大的一个国家，市场需求如此之大，现在的教材不是太多，而是太少，尤其是适用的太少。不能用同一种模式和同一种定位来编写，这是摆在所有高等艺术设计教育工作者面前的重要课题。

当今的世界是一个以多样化为主流的世界。在全球经济一体化的大背景下，艺术设计领域反而需要更多地强调个性，统一的艺术设计教育模式无论如何也不是我们的需要。只有在多元的撞击下才能产生新的火花。作为不同地区和不同类型的学校，没有必要按照统一的模式来选定自己的教材体系。环境艺术设计教育自身的规律，不同层次专业人才培养的模式，以及不同的市场定位需求，应该成为不同类型学校制定各自教学大纲选定合适教材的基础。

环境艺术设计学科发展前景光明，从宏观角度来讲，环境的改善和提高是一个重要课题。从微观的层次来说中国城乡环境的设计现状之落后为学科的发展提供了广大的舞台，环境艺术设计课程建设因此处于极为有利的位置。因为，环境艺术设计是人类步入后工业文明信息时代诞生的绿色设计系统，是艺术与艺术设计行业的主导设计体系，是一门具有全新概念而又刚刚起步的艺术设计新兴专业。

清华大学美术学院环境艺术设计系
2005 年 5 月

目 录

第1章 概 论

1.1 家具与室内设计的关系 1
1.2 家具设计概念与意义 1
1.3 家具设计的发展趋向 5

第2章 家具发展的简要历史

2.1 外国古典家具 8
  2.1.1 古代家具 8
  2.1.2 中世纪家具 12
  2.1.3 近世纪家具 13
2.2 外国现代家具 22
  2.2.1 前期现代家具(1850～1914年) 22
  2.2.2 两次世界大战期间的现代家具(1914～1945年) 27
  2.2.3 第二次世界大战后的现代家具(1945～) 31
2.3 中国传统家具的演变历程 38
  2.3.1 商周时代 38
  2.3.2 春秋战国、秦 38
  2.3.3 两汉、三国 38
  2.3.4 两晋、南北朝 40
  2.3.5 隋、唐、五代 40
  2.3.6 两宋、元 42
  2.3.7 明代 42
  2.3.8 清代 45

第3章 家 具 工 艺

3.1 木质材料 50
  3.1.1 成材 50
  3.1.2 薄木 50
  3.1.3 人造板 50
3.2 金属材料 51
  3.2.1 钢材 51
  3.2.2 铸铁 51
  3.2.3 铝合金 51
  3.2.4 五金零件 52
3.3 其他材料 52
3.4 家具的类型 52

 3.4.1 从家具构成形式分类 …………………………………………………… 52
 3.4.2 从家具结构类型分类 …………………………………………………… 54
 3.4.3 从材料上分类 …………………………………………………………… 57
3.5 家具的结构 ……………………………………………………………………… 58
 3.5.1 木制品的接合 …………………………………………………………… 58
 3.5.2 主要部件的结构 ………………………………………………………… 61
 3.5.3 家具的局部结构 ………………………………………………………… 72

第4章 家具的尺度

第5章 家具造型的一般规律

5.1 设计的原则 ……………………………………………………………………… 87
5.2 家具造型的基本构成因素 ……………………………………………………… 87
 5.2.1 家具造型的形态 ………………………………………………………… 88
 5.2.2 家具的色彩 ……………………………………………………………… 90
 5.2.3 家具的质感 ……………………………………………………………… 91
 5.2.4 家具的装饰 ……………………………………………………………… 92
5.3 家具设计的造型形式法则 ……………………………………………………… 95

第6章 家具设计的方法与步骤

6.1 如何思考问题 …………………………………………………………………… 103
6.2 确定设计定位 …………………………………………………………………… 104
6.3 设计的步骤与方法 ……………………………………………………………… 104
 6.3.1 绘制方案草图 …………………………………………………………… 104
 6.3.2 搜集设计资料 …………………………………………………………… 105
 6.3.3 绘制三视图和透视效果图 ……………………………………………… 105
 6.3.4 模型制作 ………………………………………………………………… 105
 6.3.5 完成方案设计 …………………………………………………………… 106
 6.3.6 制作实物模型 …………………………………………………………… 106
 6.3.7 绘制施工图 ……………………………………………………………… 107

第7章 设计实例分析

7.1 椅、沙发类设计 ………………………………………………………………… 108
7.2 桌、柜类设计 …………………………………………………………………… 111
后记 …………………………………………………………………………………… 133

第1章 概 论

1.1 家具与室内设计的关系

建筑设计是创造人类适应于各种活动的场所和空间。科学技术的发展带来了建筑事业的发展，每一座建筑物的研究与设计都有了很大的进步。室内设计开始受到人们的关注和重视。家具是室内设计中的一个重要组成部分。室内设计的目的是创造一个更为舒适的工作、学习和生活的环境，在这个环境中包括着顶棚、地面、墙面、家具及其他陈设品，而其中家具是陈设的主体。

家具具有两个方面的意义，其一是它的实用性，在室内设计中与人的各种活动关系最密切的、使用最多的应该说是家具。其二是它的装饰性，家具是体现室内气氛和艺术效果的主要角色。一个房间，几件家具（是指成套的而不是七拼八凑的）摆上去，基本上就定下了主调，然后再按其调子辅以其他的陈设品，就成为一间完美的室内环境。例如封建王朝皇宫中为体现统治者威严、权势、壮观，而不惜工本的雕刻与装饰，以显示其神圣、尊贵和至高无上。而民居中朴实无华、简单合度的民间家具，确有"雅"的韵味，外形轮廓是舒展的，各部分线条是雄劲而流畅的，毫无娇揉造作之感，充分地体现了劳动人民的精神面貌和生活情趣。

反过来，家具又是室内设计这个整体中的一员。家具设计不能脱离室内设计的要求。家具设计的好与否，应该是放在一定的室内环境中去评价它。不同的室内环境要求不同的家具造型。庄严、雄伟的政治性、纪念性建筑的室内设计，生动、活泼的文娱性建筑的室内设计，亲切、愉快、爽朗的居住性建筑的室内设计等等，这些丰富多彩的生活环境就要求丰富多彩的家具造型来烘托室内的气氛。家具设计要与建筑设计、室内设计相配合，家具的体量、尺度要同住宅居室的尺度相适应。这就要求设计者能够掌握建筑、室内方面的一些基本概念和尺度。

1.2 家具设计概念与意义

近些年来随着生产技术水平的提高和住房条件的逐步改善，人们对于家具的需求，无论是家具的品种式样和内在质量都在逐年提高。同时人们的审美观念也正在改变，逐步由单纯的满足使用要求，发展成为兼容文化审美内涵，追求个性审美意味，充分体现人的自身价值与室内居住环境的融合与统一。人们这种审美层次的逐渐提高与趋向完美和谐是客观存在的必然趋势。家具产品的提供者应该竭尽全力去思考、探究，设计和创造出人们渴求的家具来。因而，当今家具设计无论从设计概念、设计意义还是设计方法都表现出它的多层次、多角度，以及与室内环境设计的交插与融合。

设计概念就是反映对具体设计的本质思考和出发点，设计意义是指设计的内容、意图和意味。设计概念的形成是从感性认识上升到理性认识的过程中，把握了设计的本质。不同的家具式样具有不同的设计概念，明确了设计概念的"内涵"和"外延"，会促使设计者正确地运用和把握"设计概念"。设计意义的表达则是综合了设计的构思，物质材料的选用以及色彩、线型、空间等要素，展现在人们面前的具体造型。

家具设计的原始概念：人类生活的任何环境都离不开家具，它是人们日常生活必不可少的用具。不管是古埃及、古罗马时期的日用家具，还是历史上各个历史时期的民间日用家具，其特点是朴实、大方、简单方便，实用性始终是这些家具的基本出发点。坐具需要具有一定的高度、一定的宽度和一定的深度，收藏用的家具需要围合成具有一定的空间，台架类的家具则要具备一定面积的台面和放置空间等等，由此而产生的具有长、宽、高三度空间的形状和造型，我们称它为家具的原始基本型。它的决定因素取决于"使用"和"实用"，最终还是决定于"人"、"人的身高、比例"和"人的活动范围"，家具设计的原始概念也可以说是人的本能需求，它更多地表现为"共同性"、"普遍性"和"通用性"。

家具设计的精神概念：所谓精神是指人的意识、思维活动和心理状态，家具设计的使用功能既包含了物质方面的也包含了精神方面的。所以，家具设计除了考虑到物质方面的使用功能，还应该表述人的情感和人的情绪（不是用语言或文字，而是以自身的形体造型无言地去感染）。古埃及国法老的御座，雕刻以大量的豪华装饰图案，靠背通体覆盖浅纹象征权力的雕刻和贵重金属装饰；中国传统家具中的宫廷家具多选用硬木（花梨、紫檀、红木）、大漆等贵重材质，造型端庄、比例尺度，适当放大再饰以繁琐的雕刻和华丽的饰件，以充分体现皇权的至高无上，这里家具的"精神"功能得以淋漓尽致地表达和发挥。而民间的家具则以其朴实无华、比例适度、挺秀舒展、不施过多装饰的亲切形象美化着人们的生活环境，可见精神概念在家具设计中的重要，将它称之为家具的灵魂也不为过。

家具设计的民族概念：所谓民族是人们在历史上形成的具有共同语言、共同地域、共同经济生活和共同文化的共同体。不同民族在经济文化、生活习俗和生活方式的差异，对于家具的品种和家具的造型样式就有不同的要求，尤其在家具的审美情趣上更充分地体现出不同民族历史文化的积淀。同处于一个年代的法国巴洛克、洛可可风格的西洋家具就与中国明式家具能有如此之大的差别，这充分地说明了民族概念在家具设计上的重要位置。诚然，由于科技的飞速发展，全人类又步入一个崭新的信息时代，人们之间，民族之间的距离在缩短。国际风格的家具早在20世纪二三十年代，随着建筑设计新概念的产生而产生，例如密斯·凡·德·罗1920年设计的"巴塞罗那"椅和柯布西耶1928年设计的"靠背可以转动的扶手椅"。他们的设计更多地将清澈透明感、谐调感、材料的运用和制作技巧融为一体，成为非常完美的家具造型，从而博得全世界的称赞。然而就家具的整体而言，越是民族的就越具有国际的特征。

家具设计的时代概念：人类的历史发展是随着时间的推移而发展和改变，相对于一段时间（或长或短）而划分为不同的年代或时代，纵观历史各个时期所产生和使用的家具，无不烙上时代的印记，这是因为从一件家具上毫无遗漏地折射出产生这件家具的这个时代的社会状况。诸如生产力的水平，科学技术的发展程度，人们的生活方式，不同民族的习俗和社会的道德观念等等，也可以说那个时代产生的家具是那个时代历史的必然。例如，法国1850年由穆兰·布劳·加郎公司制作的"卡米尔扶手椅"是由标准化生产线批量生产的金属椅，用于公园、火车站、露天咖啡馆等公共场所。这是由于工业革命以后钢铁工业的发展，钢铁除了用于生产机器、轮船、铁轨、车辆之外，也用来制作家具。由此不难看出家具就如同精确的晴雨表，无论从共性还是从个性的意义上，家具就像一种印记，记录了时代的特征。

家具设计的技术概念：家具是工业产品，形成一件家具是靠一定的物质材料、加工材料时所掌握的技术手段和加工工艺，在一定意义上讲，这些是形成家具的物质技术基础。虽然设计者和使用者有了很好的构思想法和使用要求，但不掌握和研究家具制作中的材料技术和加工工艺，也只是停留在纸面上和口头上。家具设计的技术概念是为制作家具服务的。但是这个技术概念不仅仅是处于被动状态，相反从家具发展历史上看，不乏居于主动地位的范例。例如，在人们对于制作家具主要使用木材的时代，在工业革命的历史车轮向前不停运转的年代里，钢铁这个新材料诞生于世，善于运用新材料、新技术的大师密斯·凡·德·罗和斯塔姆以敏锐的目光和对新技术、新材料的深入研究，创造设计和制造了以钢管为主要材料的椅子。由于钢管具有高强度、可弯曲等特性，完全打破了木制椅子的造型形象，给人一种耳目一新的感受，因而成为20世纪20年代的标志。而1941年由美国的埃姆斯和沙里宁的模压成型的胶合板椅，使得人们第一次见到其他任何材料所不能比拟的优美的座椅造型，足以说明往往一件划时代的家具造型是由于一种新材料、一项新技术的问世而带来的成果。然而这中间往往是那些对新技术、新材料、新工艺独具慧眼的设计大师发现这些新大陆而捷足先登，为人类的家具事业做出不可磨灭的贡献。

　　家具设计的空间概念：这里的空间概念是指家具在使用过程中，在室内环境中所处的空间位置。建筑室内为家具的陈列、摆放提供了一个有限的空间，而家具设计者在动手进行构思设计时，对于室内空间条件应该有一个清晰的认识，预想到未来摆放的效果，这样才能使得家具与室内相得益彰、融为一体。无论是建筑室内还是室内陈设都有一个尺度的概念，而这个尺度源发点是"人"。人的尺度决定了建筑和室内的空间尺度，是人的尺度决定了门窗的位置和大小，同样，家具也是如此。一般常规室内摆放的家具所占的面积不宜超过室内总面积的30%~40%（卧室可略高些），以留出人们在室内的活动空间。在现实生活中，往往出现室内空间条件与家具种类、数量之间的不协调和矛盾，为此而促使家具设计师在仅有的室内空间中，为了满足人们对家具的使用需求，从而改变设计师一些固有的观念和思维方法，往往能设计出一些别出心裁、新奇别致的家具来。例如组合家具这个家具中的新成员，就诞生于第一次世界大战后的德国。第一次世界大战后的德国所建造的公寓套房无法容纳以前摆放在宽大房间中的单体家具，于是包豪斯的工厂专门生产为这些公寓而设计的家具，这种家具就是以胶合板为主要材料，生产一定模数关系的零部件，加以装配和单元组合。1927年肖斯特在法兰克福设计的组合家具，以少量单元组合成多用途的家具，从而解决小空间对家具品种的要求。设计师对空间概念的研究和理解应该说是诞生一个新品种家具的催化剂。

　　家具设计的型体概念：家具展现在人们面前的是一个具有一定形状的物体，这个物体是由形体的基本构成要素组成的，它就是点、线、面、体四个基本要素。前面分析了许多有关家具设计的各种概念，这些概念的存在则依托家具的具体形体而存在和体现的，因而探讨研究造型的基本规律就非常必要了。况且还有许多家具就是因以点、线、面、体之间巧妙的配合和处理得当而深受人们喜爱的。点、线、面、体是构成家具造型的基本要素，这是舍去了家具的实用性、材料、构造和工艺等诸方面的内容，从纯粹的形态方面，研究在人们视觉心理上的感受，从而把握住造型方面的规律。点、线、面、体这些基本要素本来是纯粹的物理形态，是人的情感和感受给它们赋予了生命。就拿平面来讲，不同形状的面给人的感觉是不同的，像正方形、三角形和圆形，都是形状明确的平面形，给人以严肃、安定、端庄的感觉；而长方形的长与宽的"比率"是不定的、可变的，它与正方形相比较，则显得生动、活泼。其他的形态也是如此。点、线、面、体除各自的特性之外，它们是溶汇于一体的。点、线、面是依附于体而存在，体又是由面组成的，面与面的交接处又形成线。所以在家具造型设计过程中，要综合地考虑和巧妙地处理这些形态。在现代的家具设计中打破传统的设计概念,更多地运用物体形态要素进行家具设计的应首推称之为"风格派"的家具。这是1917年前后一批画家、建筑师和作家在荷兰组成的一个自称为"风格派"的组织,他们制定的目标是"艺术的彻底更新",把"新造型主义"应用于艺术领域和建筑方面,同样也用在了家具的设计制作上。所谓"新造型主义"是佩特·蒙德里安和瑟欧·凡·杜斯堡在绘画中创立起来的一种清新的起源于立体主义的空间几何构图法,"风格派"的口号就是"新的设计",从而为后来的许多造型简朴、线条清新的现代家具的产生奠定了创作理论和设计实践的基础,里特维尔德1918年设计制作的"红-蓝"椅以及其他家具充分体现了他们的设计思想和设计概念。

家具设计的美学概念:美学是研究人对现实的审美关系的一门科学。家具是一种具有实用性的艺术品,既有科学技术的一面,也有文化艺术的另一面。两者的比重随着不同的家具而有时更多地偏重于科学技术或更多地偏重于艺术。既然有艺术的特性,作为家具设计者就应当研究和探讨美学在家具设计中的作用和如何应用,以此逐步提高设计者的艺术修养。美学是一门社会科学,人类社会生活中出现了美,并相应地产生了人对美的主观反映,美感在现实生活中存在形式又分为社会美、自然美、形式美和艺术美。而就家具设计而言则应着重去研究关于形式美的内容和形式美的法则。形式美的内容涉及到家具的形体美、材料的质感美以及色彩、光影的变化美等。形式美的法则主要有:整齐一律,对称均衡,调和对比,比例、节奏、韵律和多样统一。设计师只有在创作设计中自觉地运用这些形式美的法则去创造美的造型,并在设计实践中积累愈来愈多的经验,如此反复,不断提高对美学的修养,培养对形式变化的敏锐感觉和善于探索美的形式,才能提高家具的设计水平。

综上所述,在众多纷繁的家具设计概念面前,把握住设计概念的主导性和多元性是至关重要的。在进行家具设计构思时,面临的是功能要求和与之相联系的一大堆设计资料,在千头万绪中最重要的就是理出最能表达出体现设计意图的某种设计概念,使之居于主导位置。例如德国的迈克尔·索内创办的家具公司,始终致力于弯曲木家具的生产与研究。从早期的全部由手工制作到后来机械化生产的椅子,以其结构合理,材料适宜和优美的曲线著称于世。曲线的设计概念(当然还有其他的设计概念)始终是索内弯曲木家具的核心,为此在解决一系列的技术难关之后,获得了成功。以至于现代建筑的伟大开拓者们,也根据索内椅子来衡量他们自己的设计作品,或者进行研究、探讨。亨宁森就曾在1927年描述过建筑师们对弯曲木家具的仰慕:"如果一个建筑师花费5倍以上的钱造这种椅子,能有它一半那样舒适和四分之一那样美,他就可以出名了"。设计的概念具有主导性,但又不是单一的,往往形成几种概念交织、融合在一起而具有多元性。核心是要具有使用上的功能要求,符合设计的初衷以其自身的特定意义而存在。重复过去历史上曾经有过的家具造型(复制名作除外),不是现代家具设计的方向。新的设计应当符合变化了的生活条件、居住环境和功能要求,目前我们国家家具行业在沉闷了多年之后,一改千篇一律的单调造型,生产出许多不同样式,不同风格和不同档次的家具,家具市场异常活跃,国内国外互相流通,可以说呈现了一派繁荣的景象。然而,我们静下心来细心观察和品味,在辉煌的背后也隐藏着一些问题和危机,让我们翻开现代家具发展的历史看一下,从19世纪至今家具事业的发展,是许多艺术大师潜心研究家具设计理论和进行设计实践的过程。无论从英国的奇彭代尔、谢拉通、赫普尔怀特,还是德国包豪斯等一批建筑大师都把探索、研究和设计放在首位,既有设计理论,又有设计实践,因而设计出许多适合于那个时代人们需要的优秀作品。

1.3 家具设计的发展趋向

1. 家具样式逐渐变得没有时间性和地区性

由于有了更有效的通信手段和信息技术，缩短了人与人之间的距离，世界变得越来越小。因而，家具设计师采用多元文化的途径和手段进行家具设计，缩小了地域之间、民族之间和文化之间的差异，从而加大了共同性。再加上便利的交通、市场贸易的开放，家具式样的趋同性是家具发展的必然趋势。所谓时间性是指随着人们文化水平的不断提高，更加注重传统、注重历史、注重文脉，这是人类文明发展的必然体现，人们常将20世纪五六十年代甚至于19世纪的设计拿来重新使用，从而淡化了历史年代的概念。这是人类进步、生活方式和观念的多样化的表现。

2. 家具造型设计更注重家具所传达出的审美特性

家具在人们日常生活中所处的位置，应该说是人们全部生活或是精神生活的一个局部、一个重要的组成部分。家庭用的家具，其造型风格要传达或反映出这个家庭主人的审美爱好和审美情趣，这在人们选购家具样式时充分地反映出来了，之所以选择这种或那种样式，就是因为家具所传达出的美感符合或是满足了购买者的审美要求。办公家具也是如此，它的造型风格和样式特点，要传达出这个企业的精神需求和审美要求。如同为企业进行企业形象设计一样，家具的造型样式也是这之中的重要组成部分。由此看来所有的家具都必须具有这种审美功能。这是随着人们生活水平的提高、文化素养的提高、居住条件的改善以及企业商务竞争的加剧，人们对家具的造型设计要求越来越高。为此，家具设计师就应该适应人们的需要，研究人们的生活；研究人们的居住环境；研究人们的审美情趣。

3. 民族文化传统成为滋养家具设计的沃土逐渐被设计师所重视

随着科学技术的进步和发展，现代化的信息时代的到来，前面谈到家具的造型有趋同性的倾向是历史发展的必然。也正是出于此种原因，一个民族或一个地域千百年积淀下来的文化底蕴则成了家具造型设计取之不尽、用之不竭的宝贵财富。而且这些财富无国界，为全世界的设计师所享用。例如，中国明式家具以其简练、挺拔、富于力度的优美造型，成为世界家具大家族中一块耀眼的瑰宝。地处北欧的瑞典的家具设计师，深入地研究了中国明式家具的灵魂和造型特点，融入现代化的家具制作条件之中，设计出具有中国明式家具韵味、又非常现代的木制座椅，成为世人赞美而又形成北欧风格的家具。所以，不同地域形成的民族文化必将受到家具设计师的重视。

4. 科学技术的进步和发展为家具设计提供了坚实的基础，因而更为设计师所关注

家具造型设计是由家具的材料、家具工艺塑造成的。家具的材料、工艺、结构不是束缚家具造型设计的枷锁，而是为家具造型设计出现新的可能性提供了基础和保障。这在家具发展的历史中早已得到证明。一件造型奇特、一改传统造型的家具的诞生，总是一项新的科学技术、一种新的材料、一种新的构造出现，并在家具上的应用。当然，这些发明创造有时并不是专为家具的生产而发明的，只是家具设计师的一双慧眼和敏锐的思维，在浩瀚的科学技术发明的海洋中的发现和运用。因而，家具设计师在一方面研究地域传统的民族文化的同时，必将拿出一部分精力关注科学技术的发展成果，为家具寻找造型设计的另一个途径。

5. 观赏家具的出现是一个不容忽视的客观事实

所谓观赏家具是指家具在使用中，更多的作用是起到装饰功能，以满足它在室内环境中给人们的审美需求，而不是真的去坐、去卧、储藏和收纳。观赏家具的出现是家具本身的特性决定的，是家具所具有的两重性决定的，即家具的实用性和家具的审美性，家具既是日常生活中的实用品，又是一件富于美感的艺术品。观赏家具大体上有以下两种类型，第一种情形是将历史上的、不同民族的、不同地域的传统家具与现代的家具同时摆放在一起，造成强烈的历史反差、文化反差和民族风格的反差，形成极强的对比，给人们深刻的视觉印象，增加文化深邃感，从而美化室内的空间环境。虽然每件家具都有它们的具体名称，但在这里可以把它们归为观赏家具之中。例如一套典型的明式家具陈列在现代化的豪华宾馆中，它的主要作用在于它所传达出的文化信息和挺拔优美的体态，以形成的文化氛围和意境来美化宾馆的大堂。第二种情形则是专门为表达设计者的感受、设计者利用材料进行艺术创作、设计者对造型的认识和体验等等，总之，是设计者借家具的形体实现自身对世界的理解，表达的艺术观点和看法，因而更多的带有主观因素，与其说是家具，不如说是艺术品。观赏家具的出现是随着人们物质、文化水平的提高，逐渐将自己的居室、自己的工作环境从纯粹的实用功能演向实用加艺术偏移的必然结果。

6. 美术与家具的结合

彩绘是指运用美术的表现手法对家具进行装饰，从而，使家具品种中产生出越来越多的惊人精品，这是家具本身艺术与技术不可分割两重性中，艺术性成分的增加与加强，是人们生活环境多样化的一种反应。中国早在战国时期漆器艺术中，就将彩绘手法用在家具的装饰上，形成独具一格的漆艺家具，一直流传至今。现代的彩绘手法是用摄影、印刷制版等先进技术与家具的结合。20世纪90年代初在美国芝加哥市成立的毕晓普·凯尼恩工艺品制造厂（Bishop Kenyon Studios）创制出一系列的家具，命名为"弗福"（Pho Fu）。它是用一种液体的摄影感光乳剂将图像印在木材上，使之直接渗入木材的纹理之中。印制上的彩色图形与木材的天然色泽相配合，产生一种独特的艺术效果。这样，巧妙的设计构思、丰富的色彩与家具的构造完美结合融为一体，使得每件家具作品都成为精美的艺术品。设计师安德列亚·昂加尔·赖克（Andrea Ungar Reich）则使用多种混合材料诸如丙烯酸、油性涂料、金属薄片、彩虹色溶剂、图案标识、钢笔、铅笔、甚至拼贴画等，绘制在桌面上，然后用一种透明的聚酯漆将艺术作品密封起来。昂加尔·赖克设计制作的桌子、茶几等家具，表现出激情的形态、坚实的结构和非常强烈的色彩感。美术与家具的结合，使家具产生出称之为"艺术家具"的新品种，满足人们对家具品种日益增长的需要。

7. 欧洲设计师的想法

第一、为日常小问题寻求适当的解决途径。家具在未来的家居环境中，继续扮演着美化家庭、显示主人身份的主要角色。从日常生活实际出发，设计制作一些非常实用、方便、精巧的家具，以满足日常居家生活所需要的小型用具，也是家具设计的一个方向。如乔治·彭西（Jorge Pensi）设计了一种陈列橱系列，名叫"玻璃橱"，四周的木框很细，可以挂在墙上，也可以竖立在地上，还可以作为低矮的墙边柜使用，很方便、实用。贾姆·特雷塞拉·克莱普斯（Jaime Tresserra Clapes）的设计，是用皮轮、金属滑轨、牛皮皮带和核桃木按照游艇上的行李柜的样式，设计制作了一个五斗橱，成为一个可移动的家具。而特伦·伍德盖特（Terence Woodgate）设计了称之为"霍姆"（Homu）柜橱系列，是用木料制作的上面设有向下拉的卷帘门，安装在一条腿上，用以存放杂务。"科夫拉齐"（Coffage）柜橱系列，则解决了在不使用书籍而改用多种媒体的未来时代中，大量光盘的存储问题和各种饮料的存放问题。这些家具品种的设计，充分的体现了设计者对人们日常生活的了解和关心。第二、利用传统工艺开发新式的产品。斯堪的纳维亚地区盛产木材，瑞典更是一个具有悠久家具设计与制造历史的国家。无论是设计的独特造型风格；还是家具制作的内在质量，都称得上是世界一流的。然而，面对其他国家家具市场日新月异的变化和潮流，瑞典的设计师们并没有抛弃自己的优秀传统，而是开始利用传统工艺设计开发新的家具产品。彼得·布兰特(Peter Brandt)设计的"宾波"多功能小凳，简单朴素，既能用于严肃的场合，也适用于一般的场合。可以是坐凳，又可用作放脚的凳子或墙边小桌，也可以叠放在一起。杰斯帕·斯塔尔(Jesper Stahr)设计的"波因特"(Point)并不是图画，而是一个可以挂在墙壁上的一把椅子。约翰尼斯·福萨姆(Johannes Foersom)和彼得·海尔特—洛伦岑(Peter Hiort Lorenzen)在多层板模压成型的传统工艺椅子的设计中，采用曲线形波浪式的简单方法，改变了传统的胶合板椅子的形态，以一种崭新样式展现在人们面前。第三、关心生态问题设计制作"生态家具"。保护人类的生存环境是世界各国共同关心的问题。在家具的设计与制造上也充分的体现对生态问题的关注。托诺公司(TORNO)专门设计制作了圆柱形储物柜，制作储物柜的材料是回收的饮料纸箱，造型形状是一个巨型的卫生纸卷。第四、考虑到住宅面积逐渐缩小，设计制作多用的家具。一具多用始终是家具设计的目标之一，未来，人们的生活条件会不断的得到改善，生活质量也在逐渐的提高，但并不意味着住房面积无限的扩大。为满足人们日常生活的多种用途的需要，设计制作多用家具也是必然的趋势。迪特尔·维克林(Dieter Waecker lin)设计的"活动桌"，它巧妙地将壁架、桌子、固定橱和活动橱像七巧板似的拼合在一起，看起来如同一件餐具柜，把它们铺开每个部分分别具有各自的使用功能，可以用于工作台、餐厅或起居室。

具有想像力和高度创新精神的设计始终主宰着设计领域。

8. 设计理论的深入研究将为家具设计开辟更广阔的天地

纵观家具设计的发展历程，一件成功的家具设计都是在一种设计理论的引导之下取得的。例如19世纪后半期威廉·莫里斯倡导的手工艺运动，为设计中的一种新文艺复兴思潮奠定了理论基础，为现代家具的发展作出了不可磨灭的贡献。一直到后来的"新艺术运动"、德国的"包豪斯"等等，它们的设计理论和设计理念，都成为在家具设计新形式领域的探索中的一块踏脚石，为通向广阔的设计天地起着铺路搭桥的作用。由于家具是建筑、室内环境中的一员，甚至是工业产品中的成员，所以，在过去的年代里设计理论不全是专为家具设计而提出的，有的是，有的则不是。由于家具这个品种又有它的特殊性或是个性，又随着社会的进步与发展，社会分工逐步细化，家具设计理论和设计观念必将更为活跃和繁荣。

第 2 章　家具发展的简要历史

家具史是一个发展的历史，是社会、政治、思想、文化和经济演变发展的结果，为了研究、考察和了解这个时期家具的概况，以及这一时期与另一时期的联系，往往按历史年代进行归纳分类，划分成各个不同历史时期。在每个历史时期中又以风格的特征为主线进行说明和描述，以求给人一个清晰、明确的完整形象。从而对家具发展的历史概况有一个明确的认识。在学习家具发展历史的过程中，重要的是把握住各个历史阶段家具的风格特征，了解形成这个风格特征的社会、文化、经济和科学技术等方面的历史原因，从而把握住家具发展变化的内涵和规律，为家具的设计创新服务。

家具风格特征的形成，是基于一些形式的荟萃，这些具有一定特征的形式在一些家具上反复被运用，形成那个时期家具造型的特征及风格。

2.1　外国古典家具

2.1.1　古代家具

1. 古埃及家具：约公元前 15 世纪，古埃及位于非洲东北部尼罗河的下游。公元前 4000 年美尼斯统一埃及，形成世界上最早的文明古国。在公元前 1500 年的极盛时期，古埃及创建了灿烂的尼罗河流域文化。

现在保留下来的当时的木家具，有折凳、扶手椅、卧榻、箱和台桌等。椅床的腿常雕成兽腿、牛蹄、狮爪、鸭嘴等形式。帝王宝座的两边常雕刻成狮、鹰等动物的形象，给人一种威严、庄重和至高无上的感觉。装饰纹样多取材于常见的动植物形象和象形文字，如莲花、芦苇、鹰、羊、蛇、甲虫以及一部分几何图形。家具的装饰色彩，除金、银、象牙、宝石的本色外，常见的还有红、黄、绿、棕、黑、白等色，颜料是以矿物质颜料加植物胶调制而成的。用于折叠凳、椅和床的蒙面料有皮革、灯芯草和亚麻绳。家具的木工技术也已达到一定的水平。当时的埃及匠师能够加工一些较完善的裁口榫接合和精制的雕刻，镶嵌技术也达到了相当熟练的程度(图 2-1)。

2. 古西亚两河流域的家具(公元前 10 世纪~公元前 5 世纪)：在西亚底格里斯河和幼发拉底河两河流域，古巴比伦帝国于公元前 2000 年建立。随后在北部出现了亚述帝国，并于公元前 8 世纪灭巴比伦。到公元前 6 世纪波斯人又占领了两河流域，建立了波斯帝国。巴比伦、亚述和波斯都创建了灿烂的古代文化。从发掘的资料来看当时的家具已有浮雕座椅、供桌、卧榻等。

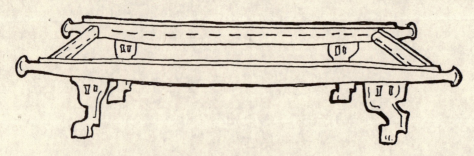

(a)

图 2-1　古埃及家具(一)

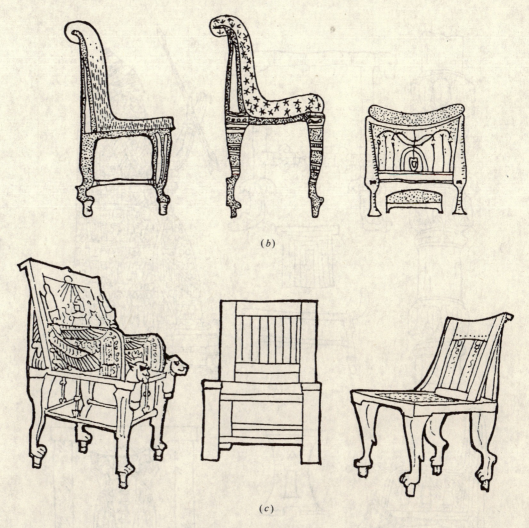

图 2-1 古埃及家具(二)

上面所记载的家具立腿为狮爪、牛蹄,并在腿的下部加饰倒置的松果形。立腿间的横撑常雕刻旋涡纹样,座椅上部的横木常用牛头、羊头或人物形象作装饰。在卧榻的一端向上弯曲而形成扶手,上面铺带穗饰的垫褥,具有浓厚的东方装饰特点(图2-2)。

3. 古希腊家具(公元前7世纪～前1世纪):古希腊文化的极盛时期是在公元前7世纪～公元前5世纪。根据石刻的记载已有座椅、卧榻、箱、供桌和三条腿的桌。古希腊的家具因受其建筑艺术的影响,家具的腿部常采用建筑的柱式造型,以及由轻快而优美的曲线构成椅腿和椅背,形成了古希腊家具典雅优美的艺术风格。古希腊家具常以蓝色作底色,表面彩绘忍冬草、月桂、葡萄等装饰纹样,并用象牙、玳瑁、金银等材料作镶嵌(图2-3)。

4. 古罗马家具(公元前5世纪～公元5世纪):公元前3世纪古罗马奴隶制国家产生于意大利半岛中部。此后,随着罗马人的不断扩张而形成了一个巩固的大罗马帝国。遗存的实物中多为青铜家具和大理石家具。尽管在造型和装饰上受到了希腊的影响,但仍具有古罗马帝国的坚厚凝重的风格特征。如兽足形的家具立腿较埃及的更为敦实,旋木细工的特征明显体现在多次重复的深沟槽设计上,如与希腊家具相似的脚向下弯曲的小椅等。当时的家具除使用青铜和石材外,大量用的材料还有木材,而且格角桦木框镶板结构也已开始使用,并常施以镶嵌装饰。常用的纹样有雄鹰、带翼的狮、胜利女神、桂冠、忍冬草、棕榈、卷草等(图2-4)。

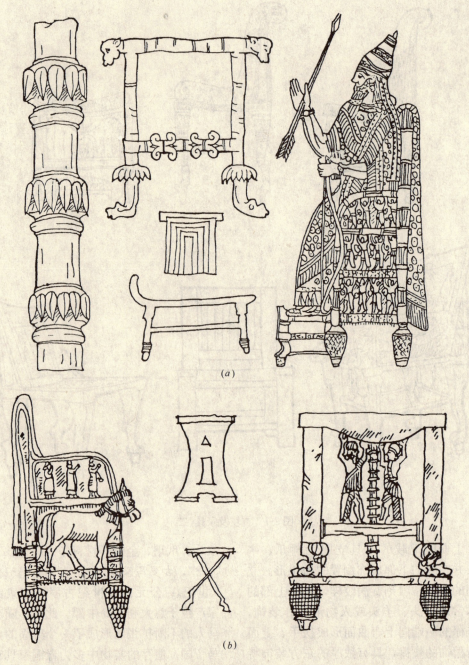

图 2-2 古西亚两河流域家具(公元前 10 世纪~公元 5 世纪)

图 2-3 古希腊家具(公元前 7 世纪~公元前 1 世纪)(一)

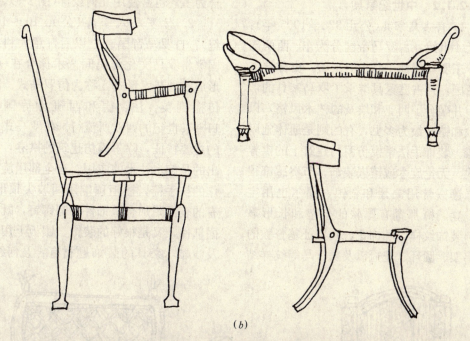

(b)

图 2-3 古希腊家具(公元前 7 世纪～公元前 1 世纪)(二)

图 2-4 古罗马家具(公元前 5 世纪～公元 5 世纪)

2.1.2 中世纪家具

1. 拜占庭家具(公元 328～1005 年)：公元 4 世纪，古罗马帝国分为东、西两部分。东罗马建都于君士但丁堡，史称拜占庭帝国，拜占庭家具继承了罗马家具的形式，并融合了西亚和埃及的艺术风格，以雕刻和镶嵌最为多见，有的则是通体施以浅雕。装饰手法常模仿罗马建筑上的拱券形式。无论旋木或镶嵌装饰，节奏感都很强。镶嵌常用象牙和金银，偶尔也用宝石。凳、椅都置有厚软的坐垫和长形靠枕。装饰纹样以叶饰花、同象征基督教的十字架、圆环、花冠以及狮、马等纹样结合为多，也常使用几何纹样(图 2-5)。

2. 仿罗马式家具(公元 10～13 世纪)：自罗马帝国衰亡以后，意大利封建国家将罗马文化与民间艺术揉合在一起，形成一种艺术形式，称为仿罗马式。随后传播到英、法、德和西班牙等国，为 11～13 世纪的西欧所流行。仿罗马式家具的主要特征，除了模仿建筑的拱券，最突出的是旋木技术的应用。有全部用旋木制作的扶手椅，橱柜顶端用两坡尖顶形式，有的表面附加金属饰件和圆铆钉，既是加固部件，又是很好的装饰。镶板上用浮雕及浅雕，家具的装饰题材有：几何纹样、

图 2-5　拜占庭家具(公元 328～1005 年)

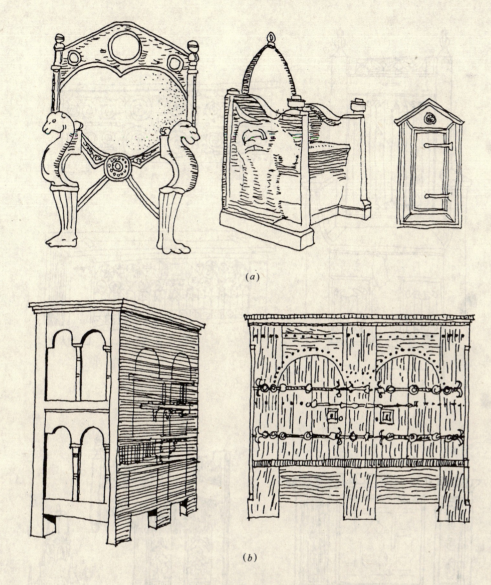

图 2-6 仿罗马式家具(公元 10～13 世纪)

编织纹样、卷草、十字架、基督、圣徒、天使和狮等(图 2-6)。

3. 哥特式家具(公元 12～16 世纪)：哥特式家具是公元 12 世纪末首先在法国开始，随后于 13～14 世纪流行于欧洲的一种家具形式。哥特式家具的主要特征是与当时哥特式建筑风格相一致，模仿建筑上的某些特征，如采用尖顶、尖拱、细柱、垂饰罩、浅雕或透雕的镶板装饰。哥特式家具的艺术风格还在于它那精致的雕刻装饰上，几乎家具每一处平面空间都被有规律地划成矩形，矩形内布满了藤蔓、花叶、根茎和几何图案的浮雕。这些纹样大多具有基督的象征意义，如"三叶饰"(一种由三片尖状叶构成的图案)象征着圣父、圣子和圣灵的三位一体；"四叶饰"象征四部福音，"五叶饰"则代表五使徒书等等。哥特式家具也常镶嵌金属装饰和附加铆钉(图 2-7)。

2.1.3 近世纪家具

1. 意大利文艺复兴家具(1450～1650 年)

文艺复兴是 14～16 世纪欧洲文化和思想发展的一个时期，最初开始于意大利，后来扩大到德、法、英和荷兰等欧洲其他国家。16 世纪资产阶级史学家认为它是古代文化的复兴，因而得名。在 14、15 世纪，由于城市商品经济的发展，资

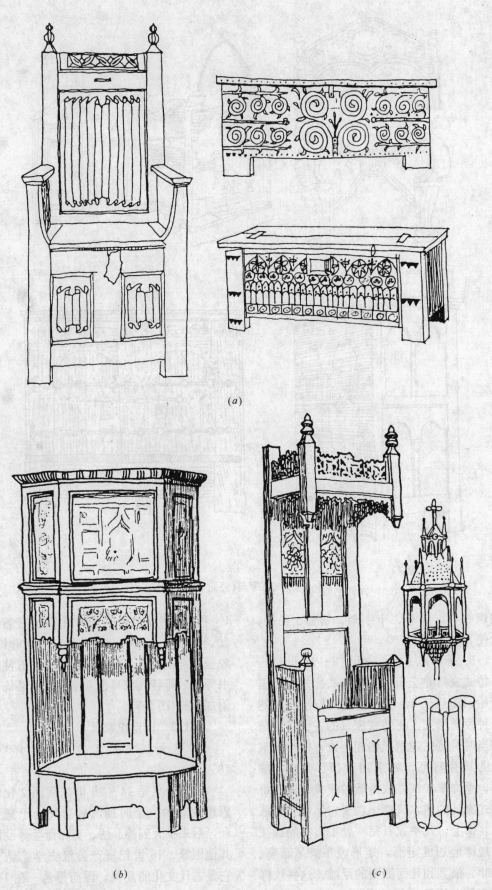

图 2-7 哥特式家具(公元 12~16 世纪)

本主义生产关系已在欧洲封建制度内部逐渐形成，文化上也开始反映新兴资产阶级的利益和要求，当时的主要思潮是人文主义，反对中世纪的禁欲主义和宗教观，摆脱教会对人们思想的束缚。意大利文艺复兴家具的主要特征是：一是外观厚重庄严、线条粗犷，具有古希腊罗马建筑特征；二是人体作为装饰题材大量地出现在家具上。家具的主要用材有栎树、胡桃木和桃花芯木。讲究以成套的家具形式出现于室内，同时还出现了箱形长榻，为后来的"沙发"提示了雏形。在家具表面常做有很硬的石膏花饰并贴上金箔，有的还在金底上彩绘，以增加装饰效果。此外，还善于用不同色彩的木材镶成各种图案。到16世纪，则盛行用抛光的大理石、玛瑙、玳瑁和金银等，镶嵌成由华丽的花枝和卷涡组成的花饰（图2-8）。

2. 英国近世纪家具（1485～1830年）

英国从文艺复兴开始，家具走向了一个不断发展和变化的时期。

（1）都铎式家具（1509～1603年）：它是以英国皇家都铎家族命名的一种家具。这种装饰风格曾流行于16世纪，从亨利八世（1509～1547年）至伊丽莎白女王（1558～1603年）四代王朝。它的特征是形体简单而粗笨，初期是一种包含有哥特式后期的装饰、文艺复兴式的雕刻纹样以及都铎王朝的蔷薇花饰三者相交织的独特形式，后来才形成了英国文艺复兴式家具，如镶板都呈均齐的长方形，桌腿、床柱都是旋木的圆柱形，喜欢采用巨型的瓶状支柱和槽形装饰。当时采用的材料主要是橡木，故有称之谓"橡木时期"。

（2）贾可宾式家具（1603～1689年）：这也是以英国皇室另一家族绰号称斯图亚特王朝的第一个国王詹姆士而得名的一种家具形式。这种款式历经了（詹姆士一世至二世）五代王朝，几乎占去17世纪的绝大部分。随着各个时期政治上的变革，其款式略有一些差异，家具由高向矮变化，加上荷兰的木雕技术和家具式样对英国的影响，使得原来较为呆板笨重的英国家具逐步开始向轻巧的形体变化。贾可宾式的座椅椅背是垂直的，一般都显得宽而低，继续使用旋木腿，最明显的是荷兰的球形

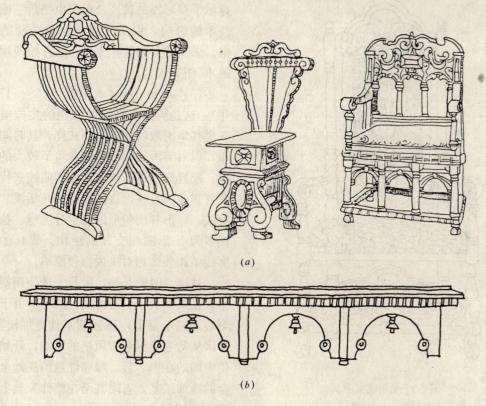

图2-8 意大利文艺复兴家具（1450～1650年）（一）

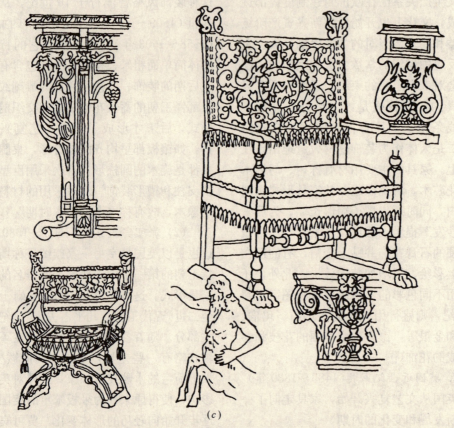

图 2-8 意大利文艺复兴家具(1450~1650 年)(二)

图 2-9 贾可宾式家具
(1603~1689 年)

脚和佛兰德的卷涡形透雕拉脚档的出现，显示了贾可宾的特征。柜门也受荷兰镶嵌技术的影响，用象牙或骨嵌成美丽的图案。采用的材料除橡木外，已开始使用胡桃木(图 2-9)。

(3) 威廉—玛丽式家具(1689~1702 年)：这是英国女皇玛丽和她的丈夫威廉三世共掌国政时期的家具式样。其时间虽短，但对英国后期的家具产生了较大的影响。家具开始越来越多地使用曲线来代替贾可宾式的直线，逐渐变得轻巧活泼。螺旋式、球形和面包形的脚十分流行，拉脚档多为 X 形曲线交叉的结构，家具的轮廓线条和装饰相对来说都较简单。

从这一时期开始，家具大量使用胡桃木，在英国称为"胡桃木时期"。由于雕刻装饰趋于衰退，镶嵌细工就更加流行。又因从荷兰受到东方风格的影响，开始模仿中国的在黑、蓝、绿和红色的漆地上描金的涂饰工艺，有时甚至在整件家具上贴满金箔(图 2-10)。

图 2-10　威廉—玛丽式家具(1689～1702 年)

（4）安娜女王式家具（1702～1750年）：安娜女王统治时期比较讲究生活的舒适，因此家具的造型多用流畅的曲线，外形也变得更加优美。椅子最突出的特点是弯脚和琴式高椅背，椅面一般都是用布蒙面的软垫，有的布面还做有刺绣图案。安娜女王式是受东方风格，尤其是受中国家具影响而形成的一种"突出曲线"的形式。家具的轮廓完全是在曲线的旋律中构成的，偶尔用一点镶嵌工艺，但很少有繁琐的雕刻装饰。使用的材料以胡桃木为主（图 2-11）。

（5）奇平代尔式家具（1750～1830年）：奇平代尔是英国 18 世纪中叶乔治王朝四大家具设计师之一。他在简洁朴实的英国风格上吸取了洛可可式纤细柔和的曲线美，他还喜欢用中国的回纹和窗格图案作椅背或其他家具的装饰，这就使得透雕细木的椅背成了奇平代尔式家具的典型特征。椅背可分为三种典型式样：一是立板透雕成提琴式或缠带曲线式，二是中国格棂式，三是梯形横格式。橱柜顶部多采用山形或涡线形作檐帽，并饰以纤细的忍冬叶或其他雕刻纹样，但却从未采用过镶嵌工艺，使用的材料以胡桃木和红木为主（图 2-12）。

（6）赫普怀特式家具（1750～1830年）：赫普怀特也是乔治王朝四大家具设计师之一。这种款式的特征是将椅背的轮廓线做成盾形、交叉心形或椭圆形。椅背中部有绶带、团花和竖琴等装饰。此外，

图 2-11　安娜女王式家具
(1702～1750 年)

图 2-12　奇平代尔式家具(1750～1830 年)

也常把圆形和椭圆形用到梳妆台镜框和桌面上，加上那光滑简洁的方尖腿，构成了轻巧秀丽的艺术风格。使用的材料主要是红木(图 2-13)。

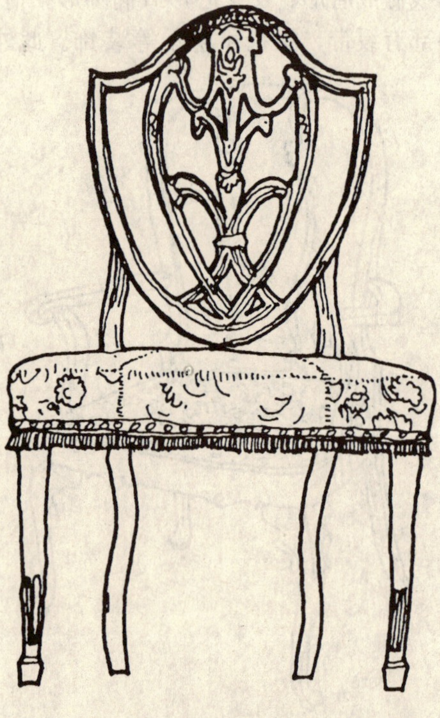

(7) 亚当式家具(1705～1830 年)：罗伯特·亚当也是乔治王朝四大家具设计师之一。这种款式的特征是直线构成。椅子和镶板喜用方形、六角形、八角形或椭圆形，圆柱槽腿或直线腿的下溜脚常附有锄形足。重视装饰纹样的应用，其中以罗马的垂花饰、绶带、桂枝、带翼的人面狮身、半人半马像及希腊古瓶、酒杯等最为多见。亚当式家具的富丽、精致和典雅的外貌，体现了极其强烈的古典精神。使用的材料主要是红木(图 2-14)。

(8) 谢拉通式家具(1750～1830 年)：谢拉通也是英国的著名家具设计师。这种款式很明显是受到法国路易十六式家具的影响，只是比法国的家具更为简化，使之成为英国的风格。典雅、端庄、简明的直线是其造型的基调。如椅背多采用方形，中间饰以多根直线形立条、竖琴和古瓶等纹样，有时也引用一点赫普怀特式的盾形

图 2-13　赫普怀特式家具
(1750～1830 年)

图 2-14 亚当式家具(1705～1830 年)

或亚当式的垂状绶带。桌、椅多采用下溜式方形直腿或圆柱形槽腿。同时也重视各种家具用材在质感上的配置，如薄木拼花装饰，不同材料的镶嵌装饰，以及蒙面织物的装饰作用。使用的材料以红木和锻木为主(图 2-15)。

图 2-15 谢拉通式家具(1750～1830 年)

3. 法国近世纪家具

(1) 法国文艺复兴式家具：14世纪发源于意大利的文艺复兴运动首先蔓延到法国西南部，并导致了法国文艺复兴式家具的形成。法国文艺复兴式家具最初还只是意大利文艺复兴的装饰同法国后期哥特式家具相结合的一种变体，直到法兰西斯一世时期（1515～1547年）才达到了它的成熟阶段。家具装饰上出现了许多女像柱、古希腊柱式以及各种花饰和人物浮雕。这种模仿和追随意大利文艺复兴家具的作风，一直延续到路易十三时期（1610～1643年）（图2-16）。

(2) 路易十四式家具（巴洛克式）：法国路易十四时期（1643～1715年）的家具也是典型的巴洛克式家具。巴洛克艺术是指从16世纪末到18世纪中叶在西欧流行的艺术风格，最初产生于意大利。法国路易十四式家具就是受意大利巴洛克艺术影响并加以发展的一种家具式样。巴洛克式家具具有过分夸张的激情、过度渲染的富丽堂皇、感人的情调突破以及端庄文明的古典形式，因此路易十四式家具以其线条的曲折多变和装饰的自由奔放为主要特征。路易十四式家具的用材主要是胡桃木。在装饰上它还受到了中国的影响，有时在家具上满贴金箔，达到金碧辉煌的艺术效果（图2-17）。

(3) 路易十五式家具（洛可可式）：路易十五式也称为洛可可式，是由巴洛克艺术发展而来的。它最初产生于法国，并且很快就盛行于18世纪前半叶的欧洲。路易十五式家具完全脱去了文艺复兴式家具的特征，而成为一种极其豪华的式样。洛可可式家具以回旋曲折的贝壳形曲线和精细纤巧的雕饰为主要特征，造型的基调是凸曲线。弯脚成了当时惟一形式，很少用交叉的横撑。装饰题材除海贝和卵形外，还用花叶、果实、绶带、涡卷和天使等组成了华丽纤巧的图案。洛可可式家具的最大成就是将最优美的形式与尽可能的舒适效果灵巧地结合在一起。座椅的蒙面料多为绣

图2-16 法国文艺复兴式家具

图 2-17 路易十四式家具（巴洛克式）

有花纹图样的天鹅绒或缎子，以便于同整件家具相协调。

洛可可式家具在涂饰上模仿中国的做法，漆成光泽明亮的黑、红、绿、白、金各色，产生了金碧辉煌的色彩效果，但也有保持木材本色的做法。采取的材料以胡桃木为多数（图 2-18）。

（4）路易十六式家具：路易十六时期（1774～1793年），欧洲复兴古典之风再度盛行。古典主义者认为巴洛克和洛可可式家具滥用曲线，完全违背了古典的理性的原则。因此路易十六式家具逐步趋向简洁、庄严和单纯。它以直线为基调，不作过分的细部装饰，追求整体比例的美，表现出了注重理性、讲究节制、结构清晰和脉络严谨的古典主义精神。

路易十六式家具多带有一种建筑的特征，造型方正，脚是上大下小的圆柱或方柱，柱上通常制出长条凹槽。椅背多作规则的方形或椭圆形木框，内包饰绣花天鹅绒或缎子软垫（图 2-19）。

（5）帝国式家具：这是法国拿破仑一世称帝时的家具式样，为了炫耀战功和表现军人的作风，帝国式家具采用了刻板的线条和粗笨的造型，在装饰上则几乎使用了所有古典题材的纹样。有忍冬、棕榈、花环等植物纹样；有象征胜利的火炬、武神；有古希腊的瓶和壶；有古埃及的神像；有盛行的剑、矛、大炮、军帽、喇叭等，甚至拿破仑自己姓氏的字头 N 也作为装饰纹样。帝国式家具通常用镀金的铜作镶嵌或装饰件。

图 2-18 路易十五式家具(洛可可式)

在色彩方面,多在深绿、红褐等色上用金银加以点缀,色调华丽而沉着。采用的材料,以红木最为流行;檀木和花梨木也常被采用(图 2-20)。

2.2 外国现代家具

2.2.1 前期现代家具(1850~1914 年)

1. 前期的艺术运动及学派

(1)手工艺运动:"手工艺运动"主要是英国的艺术运动,1888 年由莫里斯倡导。这一运动的基本思想在于改革过去的装饰艺术,并以大规模的、工业化生产的廉价产品来满足人民的需要。因而它标志着家具从古典装饰走向工业设计的第一步。随着莫里斯装饰公司的开创性工作及其影响的不断扩大,10 年后这一新思想便传播到了整个欧洲大陆,并导致"新艺术运动"的发生。

(2)新艺术运动:"新艺术运动"是 1895 年由法国兴起,至 1905 年结束的一场波及整个欧洲的革新运动。它致力于寻求一种丝毫也不从属于过去的新风格。"新艺术运动"是以装饰为重点的个人浪漫主义艺术,它以表现自然形态的美作为自己的装饰风格,从而使家具像生物一样也富于活力。主要代表人物有法国的海·格尤马特和比利时的亨利·凡·得·维尔德等。他们的作品虽然有些过于罗曼蒂克,而且因不适于工业化生产的要求最终

图 2-19 路易十六式家具

图 2-20 帝国式家具

被淘汰,但他们使人们懂得应当从对古典的模仿中解放出来,不断地探讨新的设计途径。

(3) 维也纳装饰艺术学校:1899年,以瓦格纳为首的一些受"新艺术运动"影响的奥地利建筑师建立了维也纳装饰艺术学校。在该校任教的有欧布利希、霍夫曼和卢斯等。这些著名的维也纳建筑师们认为"现代形式必须与时代生活的新要求相协调",他们的作品都带有简洁明快的现代感。他们的理论和实践不仅始创了奥地利20世纪的新建筑,而且对现代家具的形成具有深刻的影响。

(4) 德意志制造联盟:这是一个由德国建筑师沐迪修斯倡议的,于1907年10月在慕尼黑成立的协会。成员有艺术家、设计师、评论家和制造厂商等。沐迪修斯曾到过伦敦,因而受到莫里斯公司及"手工艺运动"的深刻影响。他主张"协会的目标在于创造性地把艺术、工艺和工业化融合在一起,并以此来扩大其在工业化生产中的作用"。"德意志制造联盟"的实践活动在欧洲引起了相当大的反响,并导致了1910年奥地利工作联盟、1913年瑞士制造联盟和1915年英国工业设计协会的先后成立。"德意志制造联盟"曾于1937年被纳粹分子关闭,1947年重新恢复活动。

(5) 瑞士制造联盟:成立于1913年,是和"德意志制造联盟"性质相同的协会。

2. 前期现代家具的著名设计师及其

作品

(1) 麦金陶什·查尔斯：1868年生于英国格拉斯哥，1928年逝世于伦敦。1885年他在格拉斯哥艺术学校读夜校，毕业后在建筑事务所主要从事室内装饰和家具设计。麦金陶什一生中设计了许多杰出的家具。由于他认为家具应主要表现出垂直和优美的特征，因而常采用直线和直角来强调个人的独特风格。1913年他迁往伦敦，并作为一名建筑师、画家和室内设计师，成了英国新艺术运动的领袖人物（图2-21）。

(2) 莫里斯·威廉：1834年生于英国的艾塞克斯，1896年逝世于伦敦。1861年他建立了拥有一大批艺术家和工艺师的"莫里斯、马歇尔、福克纳公司"，经营墙纸、染色玻璃、家具及金属工艺品等多种业务。主要设计师是琼斯、罗塞蒂和莫里斯本人，他们的作品曾在1862年的伦敦世界博览会上获得两块金质奖章。1875年该公司改组为"莫里斯装饰公司"，不久，莫里斯便倡导了"手工艺运动"（图2-22）。

(3) 索尼特·米歇尔：1796年生于德国，1871年逝世。1819年他开办家具厂，并开始探索一种能使当时的实木家具变得轻巧经济的式样。1830年他终于发明了弯曲木工艺，设计并制成了第一把弯曲木座椅。1842年索尼特应奥地利皇室邀请去维也纳设计家具。1851年他设计的"维也纳椅"在伦敦的世界家具博览会上获一等奖。此椅至今已售出达5千万件之多（图2-23）。

(4) 亨利·凡·得·维尔德：1863年出生于比利时的安特卫普，1957年在瑞士苏黎世逝世。早年他在安特卫普美术学院学习绘画。1898年开办事务所，从事家具和室内设计。1906年亨利·凡·得·维尔德创立魏玛工艺美术学校（即"包豪斯"的前身）。他也是1907年开办的德意志制造联盟的创始人之一，26年以后任布鲁塞尔装饰艺术学院院长（图2-24）。

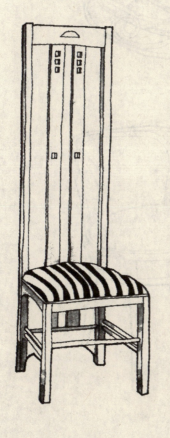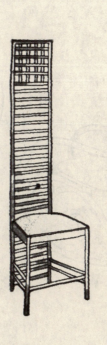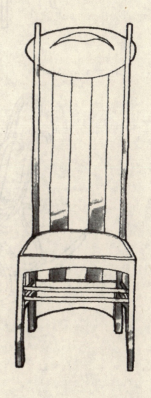

图2-21 麦金陶什、查尔斯作品

图 2-22 莫里斯·威廉作品

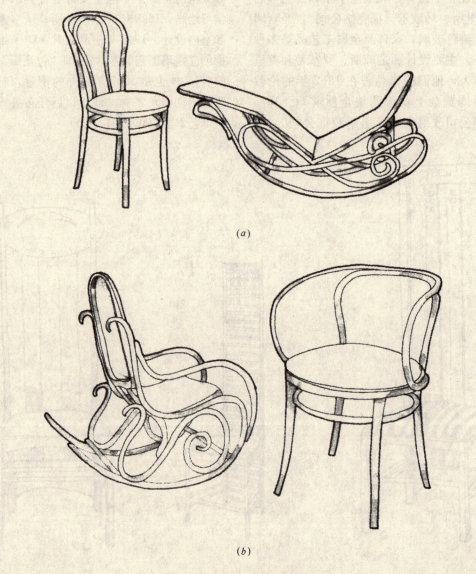

(a)

(b)

图 2-23 索尼特·米歇尔作品

图 2-24 享利·凡·得·维尔德作品

(5) 瓦格纳·奥托：1841 年生于维也纳附近，1918 年逝世。1863 年毕业于维也纳建筑学院。瓦格纳是维也纳装饰艺术学校的创始人和 20 世纪现代建筑的先锋。他强调"现代形式必须与时代生活的新要求相协调"，并且从理论和实践上致力于从新古典主义的束缚中解放出来。他的学生有霍夫曼、卢斯和欧布利希等人。

(6) 赖特·弗兰克：1867 年出生于美国的威斯康星，1959 年在亚利桑那州逝世。赖特是一个著名的建筑师，大学毕业后他在沙利文建筑事务所工作。他主张形式与功能合一，强调表现个性。他在 1904 年设计的办公椅，正是从实践上阐明了他自己的观点（图 2-25）。

2.2.2 两次世界大战期间的现代家具（1914～1945 年）

1. 两次大战期间的艺术运动及学派

(1) 风格派：1917 年在荷兰的莱顿组成的一个由艺术家、建筑师和设计师为主要成员的集团，并以集团的创始人万杜埃士堡主编的美术理论期刊《风格》作为自己学派的名称。"风格派"接受了立体主义的新论点，主张采用纯净的立方体、几何形及垂直或水平的面来塑造形象，色彩则选用红、黄、蓝等几种原色。1918 年

图 2-25 赖特·弗兰克作品

雷特维尔德加入这一运动，并设计了其代表作"红蓝椅"。1931年该集团因中坚人物万杜埃士堡的逝世而解散。

(2) 包豪斯："包豪斯"是德国一所建筑设计学院的简称。它的前身是魏玛艺术学院和魏玛工艺学校，由格罗皮乌斯·沃尔特于1919年改组后成立。该校创造了一整套新的"以新技术来经济地解决新功能"的教学和创作方法。"包豪斯"的设计特点是注重功能和面向工业化生产，并致力于形式、材料和工艺技术的统一。1925年"包豪斯"迁往德绍市，1933年又迁至柏林。在该校任校长的有格罗皮乌斯（1919～1928年）、汉纳斯·迈尔（1928～1930年）和密斯·凡·德·罗（1930～1933年）。著名设计师布鲁尔·马歇尔和马·比尔等都是从"包豪斯"毕业的。

(3) 国际现代建筑会议（C.I.A.M）：1928年在瑞士的洛桑市附近召开第一次会议，会议的目标是为反抗学院派势力而斗争，讨论科技对建筑的影响，城市规模以及培训青年一代等问题，为现代建筑确定方向，并发表了宣言。从1928年到1956年国际现代建筑会议共召开10次，参加会议的建筑师中有勒·柯布西耶、阿尔托、格罗皮乌斯、布鲁尔和雷特维尔德等。

(4) 两次大战期间创办的有关刊物：《新精神》，是一本勒·柯布西耶和奥·阿梅代于1920年在法国创办的建筑评论性刊物。

《今日建筑》，是安德烈、白劳克于1934年在法国创办的双月刊。

《建筑设计》，是1930年在英国创办的关于建筑和工业设计的月刊。

《Domus》，建筑装饰艺术杂志，1928年由吉奥·庞迪在意大利米兰创办。

上述两次大战期间创办的刊物，在理论和实践上积极宣传现代主义的新思想，对现代建筑及家具的发展起了极大的促进作用。

2. 两次大战期间的著名设计师及其作品

(1) 阿尔托·阿尔瓦：1898年生于芬兰，1976年逝世。

1921年阿尔托从赫尔辛基大学建筑系毕业，1923年开办事务所。1929年设计了他的第一件层积胶合木椅子，不过最初还带有木框镶边，直到1933年才制成不带木框的层积弯曲木椅。1931年创建阿泰克公司，专门生产他自己设计的家具、灯具和其他日用品。阿尔托的作品明显地反映出受到芬兰环境影响的痕迹。1940年他任美国麻省理工学院教授（图2-26）。

(2) 布鲁尔·马歇尔：1902年生于匈牙利的佩奇，1981年逝世。1920年他进入在魏玛的"包豪斯"学院学习工业设计和室内设计。1925年当"包豪斯"迁至德绍后，布鲁尔已毕业并成了学院制作车间的主任。格罗皮乌斯院长指定他为学院

图2-26 阿尔托·阿尔瓦作品

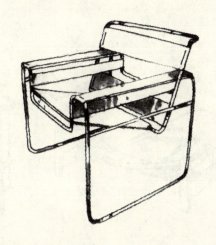

图 2-27 布鲁尔·马歇尔作品

设计家具，同时，他设计了他的第一把用钢管制作的"瓦西里椅"。1933 年他设计的铝合金家具在巴黎获奖。1937 年移居美国，1944 年入美国籍。1946 年起他在纽约开办了自己的事务所（图 2-27）。

（3）格罗皮乌斯·沃尔特：1883 年出生于柏林，1969 年在美国逝世。格罗皮乌斯早年在慕尼黑和柏林学习建筑。1919 年他将魏玛工艺学校和艺术学院合并改组为"包豪斯"学院，同时接替凡·得·维尔德任院长。1937 年他移居美国，任哈佛大学建筑系主任（图 2-28）。

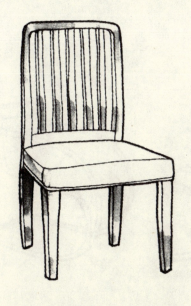

图 2-28 格罗皮乌斯·沃尔特作品

（4）勒·柯布西耶：1887 年生于瑞士，1965 年逝世于法国。原名是查尔斯·吉纳里特，当他在 1920 年创办《新精神》时改名为勒·柯布西耶。早年他在法国的一所艺术学院学习。1929 年他同贝里昂·夏洛蒂合作，为秋季沙龙设计了一套公寓的内部陈设，其中包括椅、桌和标准化的柜类组合家具。1930 年入法国籍。从 1942～1948 年，他用了 7 年时间完成了著名的模度的研究工作（图 2-29）。

（5）马瑟森·勃卢诺：1907 年出生在瑞典一个木工家庭。长大后他继承父业，并成了瑞典有名的家具设计和室内设计师。马瑟森对家具的工艺结构极感兴趣，经过研究他成功地设计了一批层积木弯曲成型的椅类家具。他的作品在 1940～1950 年的瑞典家具业中起着明显的支配作用（图 2-30）。

（6）密斯·凡·德·罗：1886 年生于德国，1969 年在美国逝世。密斯 15 岁就离开学校当了描图员。1908 年他在贝仑斯事务所工作时遇到了格罗皮乌斯和勒·柯布西耶，并在那里担任设计师的工作。1926 年他被任命为德意志制造联盟副理事，同年设计了挑悬式钢管椅。1929 年他应邀设计巴塞罗那博览会中的德国馆，著名的"巴塞罗那椅"由此诞生。1937 年他移居美国并于 1944 年入美国籍（图 2-31）。

（7）贝里昂·夏洛蒂：1903 年生于巴

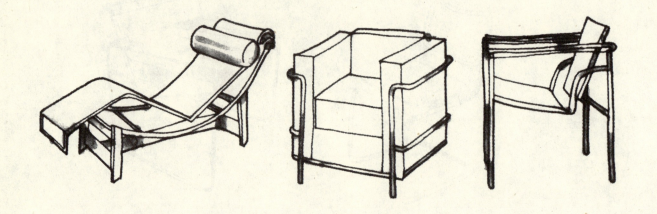

图 2-29 勒·柯布西耶作品

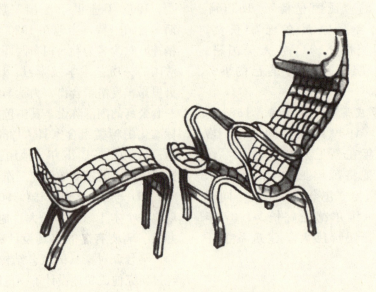

图 2-30 马瑟森·勃卢诺作品

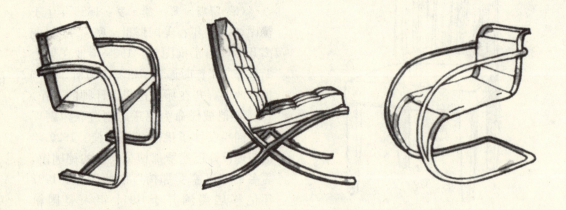

图 2-31 密斯·凡·德·罗作品

黎。1925年她同勒·柯布西耶及皮埃尔·吉纳里特一起在国际装饰艺术展览会上首先展出了他们设计的标准化木制贮存类组合家具。此后她同柯布西耶一起工作到1937年。贝里昂始终致力于创造一些大家都有能力购买的简单家具。她的作品分别在1927年和1929年的秋季沙龙展出（图2-32）。

（8）雷特维尔德·杰里特：1988年生于荷兰的乌得勒支，1964年逝世。早年他的职业是木工，建筑和家具设计是他利用业余时间自学的。1918年他设计并制作了"红蓝椅"，椅漆成红、黄、蓝、黑几种原色，这被认为是运用和阐明"风格派"理论的代表作。1919年雷特维尔德加入"风格派"并一直探索着设计能大规模生产的廉价家具。1928年他参加了首届国际现代建筑会议C.I.A.M.。1933年雷特维尔德设计成板状的"Z字形椅"（图2-33）。

2.2.3 第二次世界大战后的现代家具(1945～)

1. 阿尼奥·欧罗：1932年生于芬兰。1957年毕业于赫尔辛基工艺美术学校。1962年起开办设计室。阿尼奥对塑料在家具生产中的应用极有研究，他曾先后为阿斯柯公司设计了一些采用玻璃纤维增强树脂的球形座椅，造型别具一格，放在室内就像一件现代雕塑一样优美（图2-34）。

图2-32 贝里昂·夏洛蒂作品

2. 伯托伊·赫里：1915年生于意大利。早年在艺术学校学习雕塑和绘画，毕业后在科郎布鲁克艺术学院任教。从1943年起伯托伊开始从事新家具的探索和设计工作。1950年他移居美国宾夕法尼亚州，并在那里为诺尔跨国公司设计了许多极有特色的钢丝网椅（图2-35）。

3. 博里·西尼：1942年出生于意大利。1950年毕业于建筑专业，成为一名女建筑师。1968年她设计了称之为"鲍勃"的扶手椅，此后她又为阿夫莱克斯公司设计了许多家具（图2-36）。

4. 科仑布·乔·塞赛尔：1930年生于米兰。从艺术学校毕业后进米兰工业大学

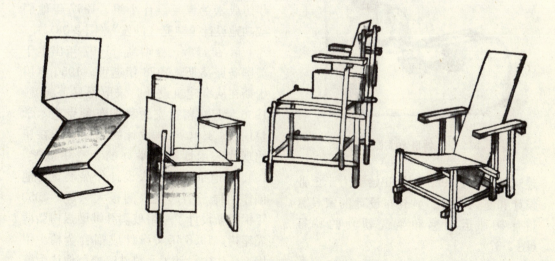

图2-33 雷特维尔德·杰里特作品

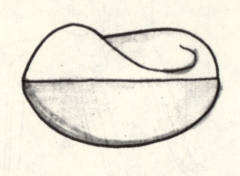

图 2-34　阿里奥·欧罗作品

图 2-35　伯托伊·赫里作品

图 2-36　博里·西尼作品

建筑系学习。1962年他开始致力于工业设计和室内设计。科仑布设计的家具常带有某种运动感和生气勃勃的特征（图2-37）。

5. 德·巴斯、杜尔比诺、劳马兹和斯科勒里：意大利设计师。他们于1966年组成米兰青年设计小组。1967年他们成功地设计了"充气沙发"（图2-38）。

6. 伊姆斯·查尔斯：1907年出生于美国圣路易斯，1978年逝世。1930年伊姆斯在从事建筑设计时未取得显著成就。1936年起在密执安的科朗布鲁克艺术学院任教。1940年他设计的一件椅子在纽约现代艺术博物馆举办的竞赛中获奖。1946年他举办了个人设计作品展览，他创作的椅子引起观众的极大兴趣。1950年伊姆斯设计了一组玻璃纤维增强树脂薄壳座椅。1958年又设计成铝合金椅。伊姆斯一生中设计了无数件座椅。他认为椅

图 2-37 科仑布·乔·塞赛尔作品

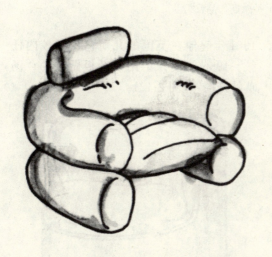

图 2-38 德巴斯·杜尔比诺·劳马兹和斯科勒里作品

子并不是一个简单的东西,它是各种有自己独特功能的部件的合理组合。在连接这些部件时他采用了硫化橡胶,这正是他的椅子的一个重要特征(图 2-39)。

7. 艾森伯杰·汉斯:1929 年生于瑞士伯尔尼附近。艾森伯杰从 1946 年开始从事家具设计。1950 年在巴黎进修后成为个人开业的设计师。1955 年同罗伯特·哈斯曼及库尔特·瑟托一起组成瑞士设计小组。1958 年他在苏黎士装饰艺术博物馆举办的"新金属家具展览会"上初露头角(图 2-40)。

8. 高维·伯纳德:1940 年生于法国,早年在巴黎学习工艺美术。他主张家具应当像雕塑那样的美。而他的设计正是按照

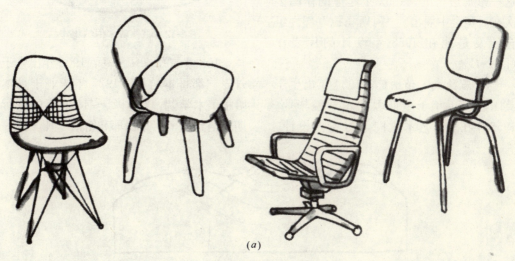

(a)

图 2-39 伊姆斯·查尔斯作品(一)

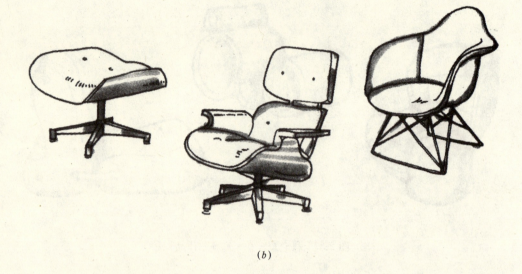

(b)

图 2-39 伊姆斯·查尔斯作品(二)

图 2-40 艾森伯杰·汉斯作品

这一原则进行的。1963年起他的作品多次在展览会中展出。"阿斯马拉"部件组合沙发是他在 1966 年设计的代表作(图 2-41)。

9. 霍德威·伯纳德: 1934 年出生于英国, 1954 年于金斯敦艺术学院毕业。1956 年在皇家艺术学院学习室内设计。

1961年起他在英国的几所艺术学校内任教。1966年设计了用硬纸板做成的"汤莫特姆椅"(图 2-42)。

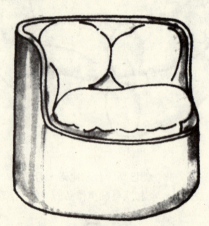

图 2-42 霍德威·伯纳德作品

10. 贾可比森·阿恩: 1902 年出生于丹麦首都哥本哈根。1927 年毕业于哥本哈根美术学院。在 1925~1929 年的旅行期间遇到勒·柯布西耶和密斯·凡·德·

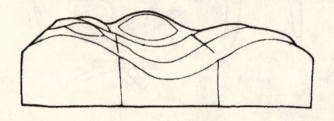

图 2-41 高维·伯纳德作品

罗,并受到他们的影响。贾可比森是一位建筑师,但在他设计的建筑中也包括家具和其他有关细节的设计。1955年他设计了一些层积弯曲木椅,其中的一件在米兰博览会上获奖,并成为流行最广的现代家具之一(图2-43)。

11. 克杰霍尔姆·波尔:1929年生于丹麦。毕业于哥本哈根工艺美术学校。1956～1961年他设计了许多杰出的新家具以及一些日常用品。他的作品曾多次在展览会上获奖(图2-44)。

12. 莫尔戈·奥利维亚:1939年出生于巴黎。1960年毕业于国立高等美术装饰学校。1964年开始从事家具设计,作品多次参加展览会,曾获纽约现代艺术博物馆的国际设计奖(图2-45)。

13. 潘顿·沃纳:1926年出生于丹麦,哥本哈根皇家美术学院毕业。毕业后曾与贾可比森一起工作。潘顿为许多公司承担过包括建筑、家具、灯具和织物等各种内容的设计工作,因此他的作品不仅数量很多,而且涉及面很广(图2-46)。

14. 波琳·皮埃尔:1927年出生于巴黎。早年学过陶瓷制造和石雕。1963年起为阿蒂福特公司设计了为数众多的新家具。1969年在芝加哥曾获国际开发署的一等设计奖(图2-47)。

15. 沙里宁·埃罗:1910年出生于芬兰,1961年在美国逝世。1930～1934年在美国耶鲁大学建筑系学习。1940年在

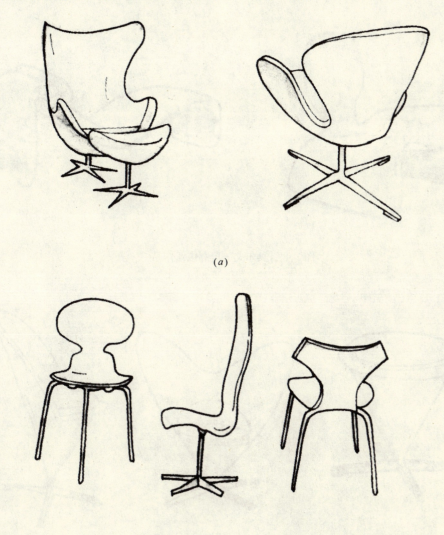

(a)

(b)

图2-43 贾可比森·阿恩作品

和伊姆斯一起工作时,他们曾同时获得纽约现代艺术博物馆设计竞赛的一等奖。二次大战以后的1948~1957年,他致力于塑料家具的研究(图2-48)。

图 2-44　克杰霍尔姆·波尔作品

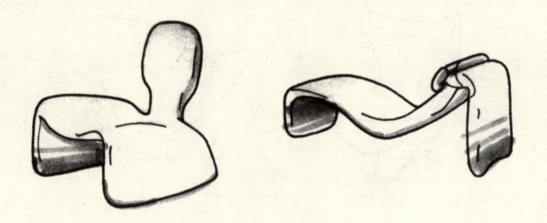

图 2-45　莫尔戈·奥利维亚作品

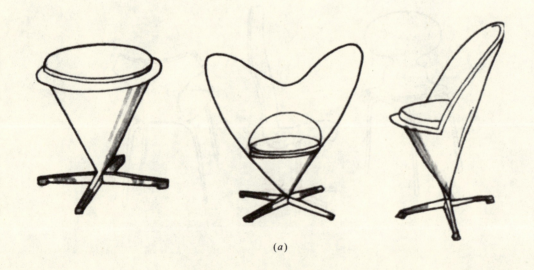

(a)

图 2-46　潘顿·沃纳作品(一)

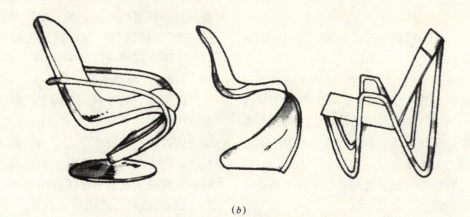

(b)

图 2-46　潘顿·沃纳作品（二）

图 2-47　波琳·皮埃尔作品

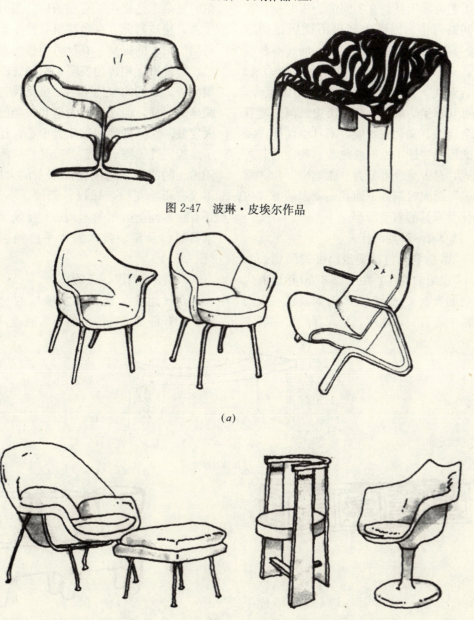

(a)

(b)

图 2-48　沙里宁·埃罗作品

2.3 中国传统家具的演变历程

我国是个土地辽阔、资源丰富、历史悠久的国家，又是由多民族组成的。因此，无论是文化积淀还是物质文明都有着博大精深和丰富多彩的内涵。其中的家具成就尤为显赫，蜚声中外的"明式家具"就是我们的祖先留给人类艺术宝库的一笔丰厚的遗产。

"家具"是和人们生活息息相关的实用工艺美术用品，在不同的历史时期，有不同的习俗，因而生产出不同风格的家具。我国有史以来自夏、商、周、春秋战国、秦、两汉、三国、晋、南北朝、隋、唐、五代、宋、元、明、清、民国至今，已有几千年的历史。在这历史长河中随着社会经济、文化的发展，家具也同样在漫长的历史变迁中发展变化着。我国的起居方式，自古至今可分为"席地坐"和"垂足坐"两大时期。下面我们就起居方式的变化看家具的演变历程。

2.3.1 商周时代

"席地坐"包括跪坐。可追溯到公元前17世纪的商代，距今已3700年。商代灿烂的青铜文化反映出当时家具已在人们生活中占有一定地位。从现存的青铜器中我们看到有商代切肉用的"俎"和放酒用的"禁"。推测当时在室内地上铺席，人们坐于席上而使用这些家具(图2-49)。

2.3.2 春秋战国、秦

西周以后从春秋到战国直至秦灭六国建立历史上第一个中央集权的封建帝国，是我国古代社会发生巨大变动的时期。是奴隶社会走向封建社会的变革时期，奴隶的解放促进了农业和手工业的发展。铁工具的出现(当时已发明铁工具斧、锯、锥、凿等)并得到普遍应用，为榫卯、花纹雕刻的复杂工艺提供了有利条件。当时大兴土木、建造宫苑、高台建筑，使工艺技术得到了很大的提高。春秋时期还出现了著名匠师鲁班，相传他发明了钻刨、曲尺和墨斗等。人们的室内生活，虽仍保持席地跪坐的习惯，但家具的制造和种类已有很大发展。家具的使用以床为中心，还出现了漆绘的几、案、凭靠类家具。如河南信阳出土的漆俎、周围绕以阑干的大床等，不仅有彩绘龙纹、凤纹、云纹、涡纹等，还有在木面上雕刻的木几。它反映了当时家具制作及髹漆技术的水平已相当高超(图2-50)。

2.3.3 两汉、三国

西汉建立了比秦更大疆域的封建帝国，并开辟了通往西域的贸易通道，促进

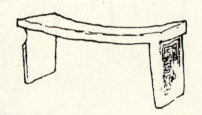

商饕餮蝉纹俎

商代放酒用的禁

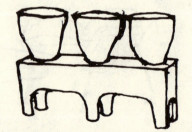

商代墓出土的炊煮皿"三联铜甗"

图 2-49 商代家具

战国木雕花案(河南信阳出土)　　　战国漆绘俎(河南信阳出土)

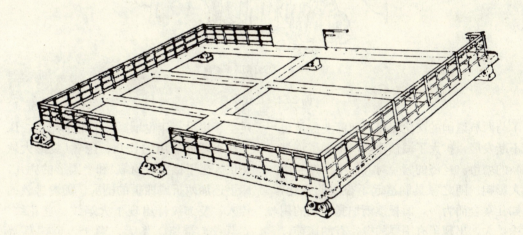

战国漆绘彩木床(河南信阳出土)

楚漆绘案(河南信阳出土)

图 2-50　战国家具

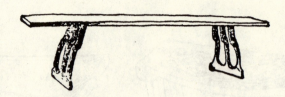
汉代木几(甘肃武威县磨嘴子汉墓出土)

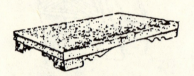
汉代的榻河北望都2号墓

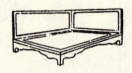
汉代带屏风的榻

带屏风的榻和案(辽宁辽阳汉墓壁画)

图 2-51　汉代家具

了与西域诸国的文化交流，使商业经济也不断发展，扩大了城镇建设，增加了许多新的城市。经济的繁荣对人们生活产生巨大影响。随之家具制造起了很大的变化，如几案合而为一，面板逐渐加宽；榻的用途扩大，出现了有围屏的榻，有的床前设几案(或置于床上)，同时还出现了形似柜橱的带矮足的箱子。装饰纹样增加了绳纹、齿纹、三角形、菱形、波形等几何纹样以及植物纹样(图2-51)。

2.3.4　两晋、南北朝

两晋、南北朝是中国历史上充满民族斗争与民族融合的时代。由于西北少数民族进入中原，导致长期以来跪坐礼仪观念的转变以及生活习俗的变化。此时的家具便由矮向高发展，品种不断增加，造型和结构也更趋丰富完善。东汉末年即已传入的"胡床"已普及到了民间。各种形式的高坐具，如椅子、筌蹄(一种用藤竹或草编的细腰坐具)、凳等的输入使得垂足坐渐见流行。起居用的榻也加高加大，下部以壶门作装饰，人们可坐于榻上，也可垂足坐于榻沿；床也增高，上部加床顶，床上还出现依靠用的长几、隐囊(袋形大软垫供人坐于榻上时倚靠)和半圆形的凭几，床上还加两折或四折的围屏。随着佛教的传入，装饰纹样出现了火焰纹、莲花纹、卷草纹、缨络、飞天、狮子、金翅鸟等(图2-52)。

2.3.5　隋、唐、五代

隋、唐时期是中国封建社会发展的顶峰。隋统一中国后开凿贯通南北的大运河，促进了南北地区的物产与文化交流。农业、手工业生产得到极大的发展，也带动了商业与文化艺术的发展。唐初实行均田制和租、庸、调法，兴修水利，扩大农田，使农业、手工业、商业日益发达，对外贸易也远通到日本、南洋、印度、中亚、波斯、欧洲等地。致使唐代的经济得到发展，国际文化交流日渐频繁。思想文化领域都十分活跃、繁荣，各个方面都得到空前发展。这一切大大地促进了家具制造业。唐代正处于两种起居方式交替阶段。因而家具的品种和样式大为增加，坐

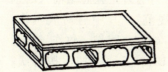
以壶门作装饰的榻(北齐校书图)

晋女史箴图屏风床及长凳

胡床 敦煌257窟(北魏)

束腰形圆凳(又称筌蹄)
龙门莲花洞浮雕(北魏)

方 凳
敦煌257窟(北魏)

椅 子
敦煌285窟(西魏)

椅 子
敦煌285窟(西魏)

床 榻 晋顾恺之女史箴图卷

床 榻 龙门宾阳洞中之维摩说法造像
(北魏浮雕维摩诘倚隐囊)

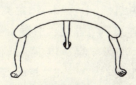

凭几及牛车中之凭几
南京六朝墓出土

图 2-52 两晋、南北朝家具

具出现凳、坐墩、扶手椅和圈椅。床榻有大有小，有的是壶门台形体，有的是案形结构。在大型宴会场合出现了多人列坐的长桌长凳。此外还有柜、箱、座屏、可折叠的围屏等。由于国际贸易发达，唐代的家具所用的材料已非常广泛，有紫檀、黄杨木、沉香木、花梨木、樟木、桑木、桐木、柿木等，此外还应用了竹藤等材料。唐代家具造型已达到简明、朴素大方的境地，工艺技术有了极大的发展和提高。如桌椅构件有的做成圆形，线条也趋于柔和流畅，为后代各种家具类型的形成奠定了基础。唐代家具的装饰方法也是多种多样，有螺钿、金银绘、木画等工艺（木画是唐代创造的一种精巧华美的工艺，它是用染色的象牙、鹿角、黄杨木等制成装饰花纹，镶嵌在木器上）（图2-53）。

2.3.6 两宋、元

宋代北方辽、金不断入侵，连年战争，形成两宋与辽金的对峙局面。但在经济文化方面，宋朝仍居先进地位。北宋初期扩大耕地面积，兴修水利，手工业、商业、国际贸易仍很活跃。由于中国木结构建筑的特点，宋代手工业分工更加细密，工艺技术和生产工具更加进步。宋代的起居方式已完全进入垂足坐的时代，为适应垂足坐的起居方式，桌、椅等日用家具在民间已十分普遍，同时出现了不少新品种，如圆形、方形的高几、琴桌、床上小炕桌等。在家具结构上突出的变化是梁柱式的框架结构代替了唐代沿用的箱形壶门结构。大量应用装饰性线脚，极大地丰富了家具的造型，桌面下采用束腰结构也是这时兴起的。桌椅四足的断面除了方形和圆形以外，有的还做成马蹄形。这些结构、造型上的变化，都为以后的明、清家具的成就打下了基础。

宋代家具为适应新的起居方式，在尺度、结构、造型、装饰等方面都发生突出的变化，家具在室内的布置也有了一定格局。如对称的、不对称的，今天我们从许多宋画中可以见到当时的家具布置。此外在北宋时（公元1103年），《营造法式》正式刊印，该书是由主管工程的李诫编写的，是北宋政府为了加强对建筑设计、结构、用料、施工等管理，在总结前人的基础上制定的"规范"。其中有对大木作、小木作、石作、砖作、雕作、竹作、泥瓦作、彩画作等13个工种的如何按等级、用料、比例、尺度，以及艺术加工方法等操作制度的规定，是我国古代木结构建筑重要文献（图2-54）。

2.3.7 明代

明太祖（朱元璋）于公元1368年建立了明朝。明初兴修水利，鼓励垦荒，使遭到游牧民族破坏的农业生产迅速地恢复和发展。随之手工业、商业也很快得到发展，国际贸易又远通到朝鲜、日本、南洋、中亚、东非、欧洲等地。至明中叶，由于生产力的提高，商品经济的发展，手工业者和自由商人的增加，曾出现资本主义萌芽。由于经济繁荣，当时的建筑业、冶炼、纺织、造船、陶瓷等手工业均达到相当水平。明末还出现一部建造园林的著作——《园冶》，它总结了造园艺术经验。明代家具也随着园林建筑的大量兴建而得到巨大的发展。当时的家具配置与建筑有了更紧密的联系，在厅堂、书斋、卧室等有了成套家具的概念。一般在建造房屋时就根据建筑物的进深、开间和使用要求考虑家具的种类、式样、尺度等成套地配制。

明式家具品类繁多，可粗略划分成六大类：

1. 椅凳类：有官帽椅、灯挂椅、靠背椅、圈椅、交椅、杌凳、条凳、圆凳、春凳、鼓墩等。

2. 几案类（承具类）：有炕桌、茶几、香几、书案、平头案、翘头案、条案、琴桌、供桌、八仙桌、月牙桌等。

3. 柜厨类：有闷户橱、书橱、书柜、衣柜、顶柜、亮格柜、百宝箱等。

4. 床榻类：有架子床、罗汉床、平榻等。

5. 台架类：有灯台、花台、镜台、面盆架、衣架、承足（脚踏）等。

日本正仓院藏唐代木椅

唐 凭几（阎立本陈宣帝像）

榻（唐 阎立本《历代帝王像》）

唐 腰圆形凳（唐画纨扇仕女图）

扶手椅（唐画纨扇仕女图）

五代扶手椅（花梨木家具图考）

桌椅凹形平面床（五代韩熙载《夜宴图》）

唐代大型宴会长桌长凳

敦煌217窟壁书床

五代（周文矩水榭看凫）

五代（帝王进食图）
传周昉听琴图

唐三彩陶俑

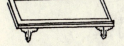
五代（重屏会棋图）

图 2-53　隋、唐、五代家具

方凳 宋画小庭婴戏图

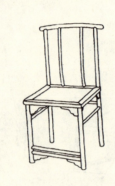
鼓墩宋《秋庭婴戏图》

圆凳 宋画浴婴图

北宋交椅《清明上河图》

宋代交椅

宋代 长方桌 靠背椅
河北钜鹿出土

桌 椅 河南禹县白沙宋墓壁画

长桌、交椅 宋画《蕉荫击球图》

南宋榻 宋画《槐荫消夏图》

宋刘松年《会昌九老图》

宋 女孝经图中的鼓凳

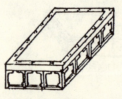
宋人宫沼纳凉图

元代椅 山西大同元墓

北宋苏汉臣《长春百子图》

北宋徽宗文会图（滕凳）

辽代的床

元至治刻本

图 2-54 两宋、元代家具

6. 屏座类：有插屏、围屏、座屏、炉座、瓶座等。

明式家具使用的木材也极为考究，明朝郑和七下南洋，使我国和东南亚各国交往密切，贸易往来频繁，这些地区出产的优质木材，如黄花梨、红木、紫檀、杞梓（也称鸡翅木）、楠木等供应充足。由于明代多采用这些硬质树种做家具，所以又称硬木家具。在制作家具时充分显示木材纹理和天然色泽，不加油漆涂饰，表面处理用打蜡或涂透明大漆。这是明代家具的一大特色。

明式家具造型优美多样，做工精细，结构严谨，之所以能够达到这种水平，与明代发达的工艺技术分不开。工欲善其事，必先利其器。用硬木制成精美的家具，是由于有了先进的木工工具，明代冶炼技术已相当高超，生产出锋利的工具。当时的工具种类也很多，如刨就有推刨、细线刨、蜈蚣刨等；锯也有多种类型，"长者剖木，短者截木，齿最细者截竹"等等。

明代的能工巧匠利刃在手，为优美的家具造型、为越来越多的功能要求创造了不少新品种、新结构的家具。明式家具采用框架式结构，与我国独具风格的木结构建筑一脉相承。依据造型的需要创造了明榫、闷榫、格角榫、半榫、长短榫、燕尾榫、夹头榫以及"攒边"技法、霸王撑、罗锅撑等多种结构。既丰富了家具的造型，又使家具坚固耐用。虽经几百年至今我们仍能看到实物。总之，明式家具制造业的成就是举世无双的，许多西方设计家为之倾倒。明式家具的独到之处是多方面的，这里让我们借用工艺美术家田自秉教授用四个字来概括的它的艺术特色，即"简、厚、精、雅"。简，是指它的造型洗练，不繁琐、不堆砌，比例尺度相宜、简洁利落，落落大方。厚，是指它形象浑厚，具有庄穆、质朴的效果。精，是指它做工精巧，一线一面，曲直转折，严谨准确，一丝不苟。雅，是指它风格典雅，令人耐看，不落俗套，具有很高的艺术格调"（图 2-55）。

2.3.8 清代

明末李自成领导的农民起义军推翻了明朝的统治，但胜利果实被北方入侵的满族所夺取，称"清"。1661 年灭了南明，统一中国，建立清朝。清朝建立以后，对手工业和商业采取各种压抑政策，限制商品流通，禁止对外贸易等，致使明代发展起来的资本主义萌芽受到摧残。尽管如此，家具制造在明和清初仍呈放异彩，达到我国古典家具发展的高峰。我国研究古典家具的专家王世襄先生讲过，明代和清前期（乾隆以前）是传统家具的黄金时代。这一时期苏州、扬州、广州、宁波等地成为制作家具的中心。各地形成不同的地方特色，依其生产地分为苏作、广作、京作。苏作大体继承明式特点，不求过多装饰，重凿和磨工，制作者多扬州艺人；广作讲究雕刻装饰，重雕工，制作者多惠州海丰艺人；京作的结构用鳔，镂空用弓，重蜡工，制作者多冀州艺人。清代乾隆以后的家具，风格大变，在统治阶级的宫廷、府第，家具已成为室内设计的重要组成部分。他们追求繁琐的装饰，利用陶瓷、珐琅、玉石、象牙、贝壳等做镶嵌装饰。特别是宫廷家具，吸收工艺美术的雕漆、雕填、描金等手法制成漆家具。他们刻意追求装饰却忽视和破坏了家具的整体形象，失去了比例和色彩的和谐统一。此种趋向到清晚期更为显著。1840 年后我国沦为半封建半殖民地社会，各方面每况愈下，衰退不振，家具行业也不例外。然而广大的民间家具制造业仍以追求实用、经济为主，继续向前发展着（图 2-56）。

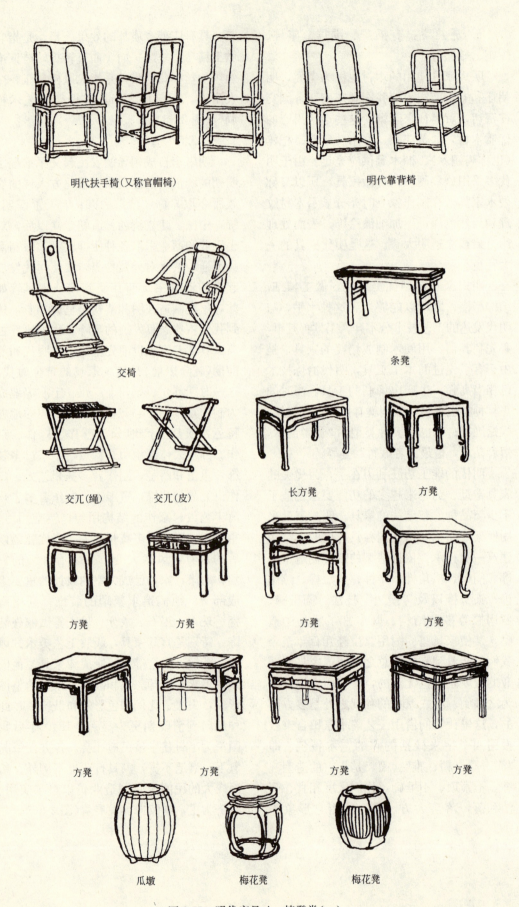

图 2-55 明代家具 A 椅凳类（一）

图 2-55　明代家具 B　几案类(二)

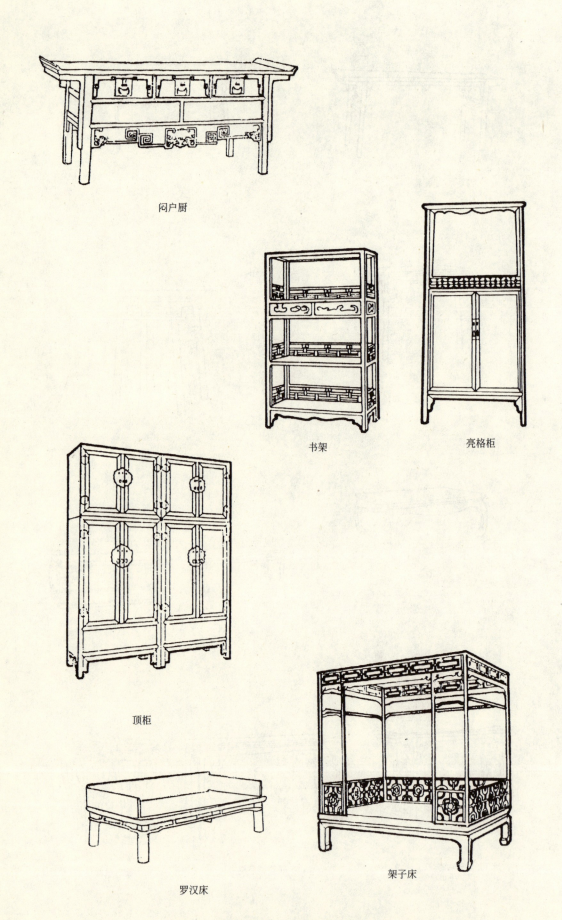

图 2-55　明代家具 C　柜橱类及床榻类（三）

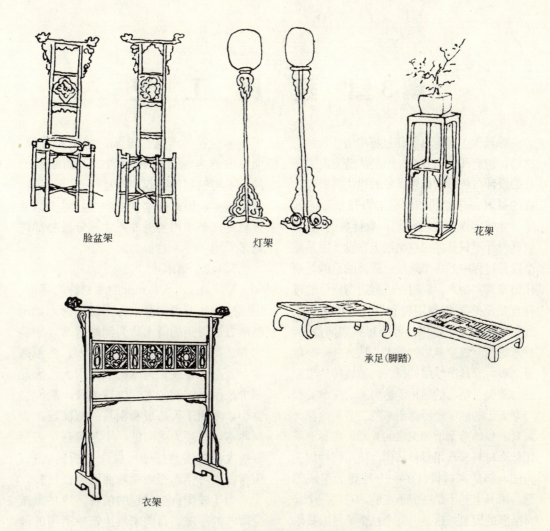

图 2-55 明代家具 D 台架类(四)

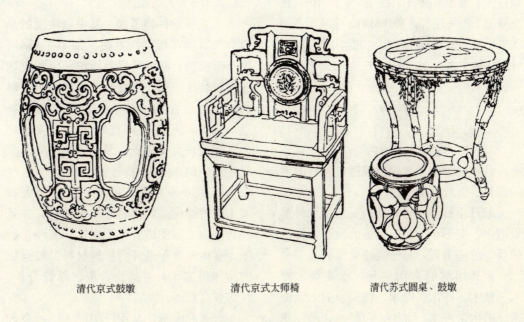

图 2-56 清代家具

第3章 家具工艺

家具工艺是家具制作过程中所涉及到的材料、构造和加工方法。家具的造型需要精心的设计、巧妙的构思，好的想法需要通过好的材料、合理的结构构造以及精致的加工，才能实现预先的设想，取得好的结果。家具设计不只是停留在图纸上，设计图是整个设计过程中的一个阶段，最终的目的是制作出家具实物来。同时在进行造型设计的过程自始至终要想到用材和结构，每画一条线；每增加一个零部件都要想到如何加工，并考虑到制成家具后的效果。从另外一个角度来看，家具所使用的材料的质地传达出来的材质美、精巧的结构传达出来的技术美和巧夺天工的加工所传达出来的工艺美，都为家具的整体造型增加无限的光彩，实际上采用什么材料、选用哪种结构、使用何种加工方法，都是家具设计的一个重要的组成部分。家具工艺不是一成不变的，它是一个非常活跃的因素。这是由整个社会的科学技术飞快的发展所决定的。对于家具设计者就应该首先了解和掌握家具工艺的基本知识，在此基础上再关注有关家具材料、家具构造和加工手段的最新科技成果，并运用到家具设计的实践中去。

3.1 木质材料

3.1.1 成材

各种树种的原木锯割成适合各种用途的板材、方材称为成材。

家具用材对木材材质的要求：木材重量适中、变形小、具有足够的硬度，材色悦目，纹理美观，易于油漆装饰。

家具用材的常用树种：水曲柳、榆木、秋木、柞木、桦木、梧桐、椆木、樟木、椴木、杉木、红松、白松、紫檀、花梨、红木等。

木材容易干缩、湿胀、翘曲和开裂，而且由原木经过各种切削加工到制成产品，木材的利用率仅有60%～70%左右，浪费很大，因此在家具生产中，除少数的方材部件必须用实材外，大部分板材部件则多采用各种人造板。

3.1.2 薄木

厚度在0.1～12mm的木材称为薄木。用锯割方法所得的薄木称为锯割薄木，用刨削方法得到的薄木称为刨制薄木，用旋切方法得到的薄木称为旋制薄木。锯割薄木，表面无裂纹，但木材损失很大，因此很少采用。刨制薄木，纹理美观，表面裂纹小，多用于人造板和家具的覆面层。旋制薄木，纹理为弦向的，不甚美观，表面裂纹大，故质量好的可做人造板的表板，质量差的可作芯板或做弯曲胶合板材料。

为了减少贵重材料的消耗，应尽量减少薄木的厚度。目前家具生产中所用的薄木最小厚度为0.25mm，最大长度4m。

3.1.3 人造板

人造板的种类很多，其中最常用的是胶合板、刨花板、纤维板、细木工板等。由于组成胶合板的每层单板按一定的纹理方向胶合在一起，因此改变并提高了材料的物理力学性质，其他人造板也各具特点。总之，人造板具有幅面大、质地均匀、强度较大等优点。因而成为木质品家具生产中的重要原材料。

1. 胶合板：具有厚度小、强力大和加工简便的优点，同时还便于弯曲，并且轻巧坚固，因此适合作为家具、车厢、船舶、室内装饰等良好的板材材料。胶合板的品种很多，有普通胶合板、厚胶合板、装饰胶合板等。

普通胶合板，是用三层或多层的奇数单板胶合而成。各单板之间的纤维方向互相垂直；中心层可用次等材单板或碎单板，面层可选用光滑平正、纹理美观的单板，厚度在12mm以下。

装饰胶合板，其一面或两面的表板是用刨制薄板、金属或塑料贴面等做成的。用刨制薄木制成的装饰胶合板用在家具、车厢、船舶内部装饰方面。用锌、铝等金属覆面的胶合板，其强度、刚度、表面硬度和耐湿性都有所提高，应用于冷藏制造或汽车制造业。

厚胶合板，厚度在12mm以上的称为厚胶合板。其结构与普通胶合板相同，有很高的强度，不变形，应用范围更为广泛。

2. 刨花板：刨花板是利用木材加工中的废料（刨花、碎木片、锯屑等）加入尿醛或酚醛树脂胶压轧而成，有平压刨花板和挤压刨花板两种。刨花板具有一定的强度，可充分利用废料，它的缺点是重量大、边缘易脱落、拧入螺钉易松动。它可以代替板材用于建筑和适合的家具制造上。

3. 纤维板：纤维板是利用各种木材纤维及其他植物纤维制成的一种人造板。纤维板质地坚硬，构造均匀，不易收缩翘曲和开裂，有良好的保温、吸声等性能；缺点是表面不美观，易吸水变形。可用于建筑、车辆、船舶、家具制造等方面。

4. 细木工板：它的内部是许多小木条拼成的，两面表层胶合两层单板或胶合板。这种板的优点是板面平正，强度大，不易变形，制造高档家具时，多采用这种细木工板。

5. 空心板：空心板的内部可用单板、胶合板或压缩纸作填充料，在其两面胶贴薄木、胶合板或塑料贴面板。有一种轻质蜂窝空心板，是用牛皮纸粘结成具有正六角形蜂窝状的小格子，经浸渍树脂塑化后作为芯层材料；在两面表层各覆以强度较高的单板或塑料贴面板而制成的。由于它的重量轻，板面平整，具有一定的强度，可作为室内装饰和家具的良好板状材料，缺点是表面抗压强度低。

以上各种人造板，除装饰胶合板以外，若表面再胶贴刨制薄木或塑料贴面板，均称为覆面板。

3.2 金属材料

应用于家具制造的金属材料是由两种或两种以上的金属所组成的合金，主要有铸铁、钢、铝合金等。

3.2.1 钢材

制造金属家具常用的钢材，主要有两种：一是碳钢；二是普通低合金钢。

碳钢也叫碳素钢。一般碳钢中含碳量越高，强度也越高，但塑性（即变形性）降低。普通碳素钢（含磷硫较高的为普通碳素钢）适合用于冷加工和焊接结构。所以，金属家具制造用的钢材大部分用普通碳素钢。

普通低含金钢是一种含有少量合金元素的普通合金钢。它的强度较高，具有耐腐蚀、耐磨、耐低温以及较好的加工和焊接性能。但价格比普通碳素钢贵，除特殊需要外不大使用。

常用的普通碳素钢，按其形状分类，有如下几种：

1. 型钢——有圆钢、扁钢和角钢。
2. 钢管——有焊接钢管和无缝钢管。
3. 钢板——有薄钢板（4mm以下）和塑料复合钢板。

塑料复合钢板——是由聚氯乙烯塑料薄膜与普通碳素钢的薄钢板复合而成。有单面塑料和双面塑料两种，它既有普通碳素钢板的强度，又具有美观的外表，是一种代替不锈钢和木材的新的装饰材料，并具有防腐、耐酸、碱、油、防锈、绝缘、隔声等性能。塑料复合钢板与普通碳素钢板加工性能相同：能切断、弯曲、钻孔、咬接、铆接、卷边等。加工温度在10～40℃之间为宜，可在-10～60℃之间的温度下长期使用。但不能使用焊接工艺，对有机溶剂的耐腐蚀性差。

3.2.2 铸铁

是将生铁熔炼为液态再浇铸成铸铁件，多用于家具的某些零件。

3.2.3 铝合金

由于纯铝强度低，其用途受到一定限

制,因此在家具制造上多采用铝合金。铝合金是以铝为基础,加入一种或几种其他元素(如铜、锰、镁、硅等)构成的合金。它的重量轻,并具有足够的强度、塑性及耐腐蚀性。铝合金可拉制成管材、型材和各种嵌条,应用于椅、凳、台、柜、床等金属家具和木家具的装饰。

3.2.4 五金零件

有铰链(亦称合页)、连接器、木螺钉、圆钉、拉手、插销等。

3.3 其他材料

其他材料如塑料贴面板、塑料拉手、橡皮脚垫、玻璃、镜子等。塑料贴面板,是一种多层塑料化的纸板,其表层可选用各种印花纸、木纹纸,每一层纸都必须浸渍树脂胶,干燥后用热压机一次胶压而成。这种板表面形成的硬化树脂层,具有防水、耐烫、耐酸腐蚀、光泽好等优点。所以它是优质的覆面材料,家具表面装饰应用很广。玻璃与镜子,是家具上不可缺少的附件。常用的玻璃有净面玻璃、磨砂玻璃、压花玻璃等。

3.4 家具的类型

家具是和人类的生存息息相关的,因而它的种类也是纷繁复杂的,对家具进行分类,是为了更加深对于繁杂的家具本质的认识,因而会更进一步的了解和认识家具。下面主要从家具的构成形式、家具的结构特点和制作家具使用的主要材料分别进行介绍。

3.4.1 从家具构成形式分类

社会是一个由多样的、丰富的、复杂的空间环境构成的,人们的社会生活也是多方面的,需要工作、学习、生活起居、健身娱乐、购物旅游等等活动,因而就需要种类繁多的家具。从家具的构成形式来看主要可以分为以下几种类型。

1. 单体家具和成套家具

单体家具:具有一种使用功能、结构完整的独立的家具称为单体家具,它是家具主要的构成形式。单体家具都是具备一种主要的使用功能的,在满足使用功能的前提下处理好家具的尺度、材料、加工工艺和结构构造。单体家具的美学功能是非常重要的,在造型形态上要完整,色彩要协调,本身应该是一件完美的艺术品。见图 3-1。

成套家具:几种单体家具搭配在一起组合成一套用以满足一个功能空间使用,如卧室、书房、餐厅等等,这是人们使用家具时主要的一种构成形式。要求组成成套家具的单体家具在尺度上、材料上、结构形式上和造型风格上要一致、统一。图 3-2 是一套书房办公家具,由书桌、书柜和办公椅组成。

图 3-1 扶手椅

图 3-2 办公家具

2. 通用部件式家具

通用部件式家具：所谓通用部件式家具，就是使不同家具的部件的规格尽量统一，以求用较少规格的统一部件，装配出较多式样的家具品种。凡应用通用部件的家具统称通用部件式家具。采用这种方法，一方面可以使家具品种不致太简单，另一方面可以减少部件的规格，为自动化生产创造条件。图3-3为一组木框嵌板结构的通用部件式小衣橱。我国有些工厂已将多种制品的一部分部件的主要尺寸统一起来，如橱的面板及旁板等（统一了长、宽、厚尺寸，线条不规定，利于变换装饰）。这对促进机械化、自动化生产起了良好的作用。

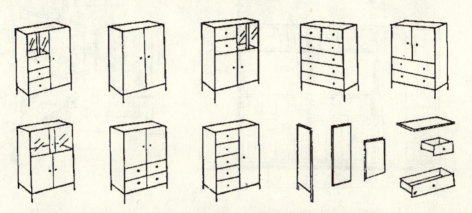

图3-3 一组木框嵌板结构的通用部件式小衣柜

3. 组合式家具

组合式家具是由具有一定使用功能的单体家具组合而成。重新组合以后，便以一种新的形式和新的使用功能展现在人们面前，更适宜使用者的需要。组合家具有如下的规律：首先，每一个单元（或称单体）都具有一个方面的使用功能，将这些不同的单元体组合之后，形成一个有机的整体，更好地发挥各自的功能。第二，每个单元（或单体）之所以能上下左右自由结合，是因为构成每一个单元体积的长、宽、高在一个组合家具中所具有的模数关系。第三，制作家具的材料、工艺、结构要求一致，也就是说，除了在使用功能上、造型上注意它的组合关系之外，选择材料以及各种材料、附件的搭配、加工工艺的手段和结构方式也要一致，使之组合之后形成一个有机的整体。见图3-4、图3-5。组合家具有以下几个特点：第一、多用性，组合家具是由几个具有不同使用功能的单元组合在一起的，因而能满足多种用途；第二、随意性，在设计时由于充分考虑到各种组合的可能性，因而在具体布置房间时，可以因地制宜，具有一

图3-4 组合柜

定的自由度，更好地满足使用的需要；第三、有效地节省室内空间，由于各种不同用途的个体有机地组合在一起，相对地减少了占地面积；第四、搬运方便，城市住宅多为单元式高层楼房，组合家具的每个单元具有体积小、重量轻的特点，因而比较灵活，搬运方便。

4. 固定家具

固定家具是指与建筑在结构上连在一起的这部分家具，这在现实生活中是常见的。由于这类家具固定在建筑上，

2. 通用部件式家具

通用部件式家具：所谓通用部件式家具，就是把家具的部件规格、质量统一，以求用较少规格的统一部件，装配出较多式样的家具品种。凡应用通用部件的家具称通用部件式家具。采用这种方法，一方面可以使家具品种不致太简单，另一方面可以减少部件的规格，为自动化生产创造条件。图3-3为一组木框嵌板结构的通用部件式小衣橱，它们的区别在于将其中部分部件的主要尺寸统一起来，如橱的面板及旁板等（统一了长、宽、厚尺寸，变换了规格，进行灵活装配），这对促进专业化、自动化生产起了良好的作用。

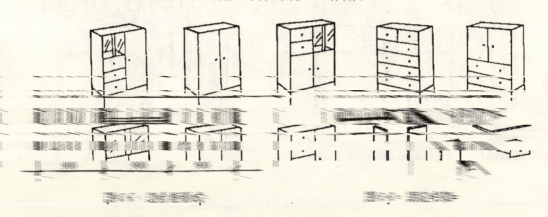

3. 组合式家具

组合式家具是由具有一定使用功能的单体家具组合而成。重新组合以后，便以一种新的形式和新的使用功能展现在人们面前，更适宜使用者的需要。组合家具有如下的规律：首先，每一个单元（或称单体）都具有一个方面的使用功能，将这些不同的单元体组合之后，形式一个有机的整体，发挥综合性的功能。其次，每一个单元（或单体）之所以能上下左右自由结合，是因为构成每一个单元体积的长、宽、高有一定的模数关系。第三，所有家具的材料、工艺、结构要求一致，也就是说，除了在使用功能上、造型上注意它的组合关系之外，选择材料和加工工艺也要统一。第三、固定组合。

一、多用性：组合家具是由几个具有不同功能的单体组成的，因而在具体布置房间时，可以因地制宜，具有一

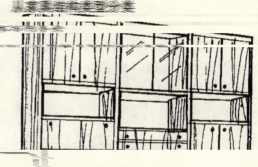

图3-4 组合柜

定的自由度，更好地满足使用的需要；第三、有效地节省室内空间，由于各种不同功能的单体组合，使用、搬运方便。

是的这部分家具，这在现实生活中是常见的。由于这类家具固定在建筑上，

53

要是榫卯接合，这样结构类型的家具称为框架结构家具。主要的特点是：零部件的接合是靠榫卯连接。常见于实木家具和中外传统家具。具有坚固耐用、充分显示木材天然纹理和高超工艺的独特风格。图3-8是一件框架式结构的椅子。

图 3-9 板式结构的扶手椅

图 3-8 木扶手椅子

2. 板式结构家具

由各种板材构成家具的主要形体，家具的内外板状部件既起到围护作用又起到承担荷重的作用，板材之间的连接采用金属件连接。板式结构家具的特点是：整体家具的接合是靠各种金属连接件连接。具有简化了家具结构和加工工艺，便于机械化、自动化加工制造，家具造型简洁的特点。常见于现代家具。目前我国板式家具多用中密度纤维板、刨花板、细木工板。图3-9为一件多层板模压成型的扶手椅。

3. 拆装结构家具

家具的零部件靠各种连接构件接合，可多次拆卸和组装，这类结构的家具称为拆装结构家具。见图3-10。

4. 折叠结构家具

单件家具可以折动、叠放的家具。主要特点是家具使用后移动或存放时可以折叠，也可以利用折动的特点使一种功能的家具成为多功能（多用）家具。便于携带、存放和运输，适用于变换场地使用。可分

图 3-10 装式大衣柜

为折动式家具、叠积式家具和多用式家具。对某些部件的位置稍加调整，就能有不同用途的家具，称为多用式家具。图3-11(a)为兼作书桌的两用书架，图3-11(b)、(c)、(d)为兼作长椅的两用床。由于这种家具能一物多用，所以对于住房面积较小的使用者比较适用。但

55

是由于考虑多用，所以结构比较复杂，有些要采用金属铰链。多用式家具多为两用或三用。要求用途过多，结构就会过于繁琐，使用时也变得不方便了。

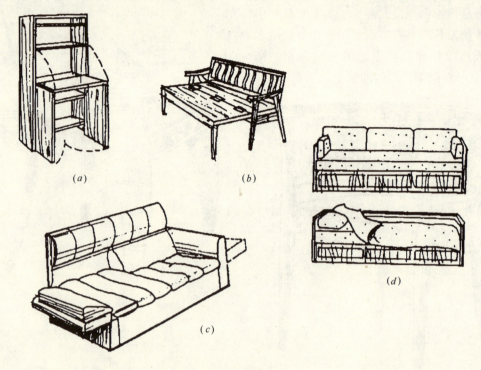

图 3-11 多用家具

5. 弯曲木家具

弯曲木结构是指家具中水平方向的部件和垂直方向的部件是由同一个材料弯曲而成。主要材料和弯曲工艺有两种，一是实木软化成型后经干燥定型而成（见图 3-12）。二是多层薄木经胶合热压成型（或称多层板模压成型）。主要特点是垂直方向和水平方向的构件靠自身的弯曲，因而不用榫卯和金属连接件来连接，减少了接合加工工序，节省了材料。由于弯曲形成的曲线，使弯曲木家具的造型不同于其他结构类型的家具，别具特点，给人一种优美、简洁、明快的感觉。多用于现代风格家具中的椅类、桌类和一部分柜类（见图 3-13）。

6. 薄壳结构家具

利用塑料、树脂（玻璃钢）和多层薄木胶合经模具成型，形成适合人体曲度的成型的椅、凳、桌等。主要特点是结构简单，具有重量轻、便于搬动、节省材料和可以大批量生产制作。造型简洁、轻巧，常在公共场所中使用。

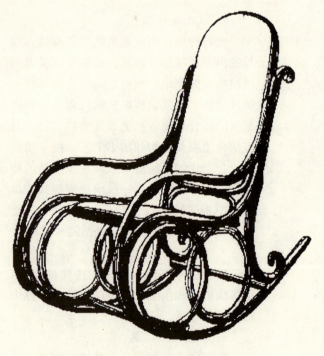

图 3-12 弯曲木摇椅

7. 充气式家具

由各种家具形状的橡胶、塑料气囊充气而成，具有一定承载能力的家具。具有

图 3-13 层板模压成型椅

图 3-15 书柜

携带方便的特点，适用于外出旅游、野外作业等场所使用，如图 3-14。

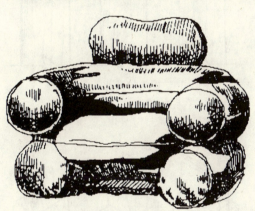

图 3-14 充气沙发

3.4.3 从材料上分类

1. 木质家具

木质家具在人类家具的文化中，占有重要的一席之地。木材具有天然的纹理，表面可涂饰各种油漆，可以制作出各种不同的风格和造型，再加上木材导热慢，有一定柔韧性，因而手感、触觉都很好，所以一直是制作家具的最好材料。图 3-15 是欧洲古典风格的书柜。

2. 金属家具

以各种金属为主要材料（如钢、铁、铝合金等）制造的家具。由于金属家具采用机械化生产，精度高，表面可电镀、喷涂、喷塑，加之金属强度高，因而可制造出造型非常现代、挺拔、工业化味道非

浓的家具，突破了木质家具的造型风格。如果再与其他材料相搭配（如玻璃、塑料、皮革等），往往令人耳目一新，满足人们的求新、求奇的审美爱好，见图 3-16。

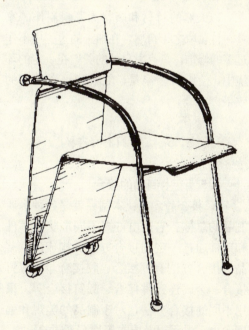

图 3-16 金属椅

3. 塑料家具

以塑料为主要原料，经过注塑成型，可生产出各种造型奇特的家具。塑料家具色彩鲜明、丰富，常用于公共环境和儿童使用的家具上。随着科学技术水平的提高是很有前途的家具品种，见图 3-17。

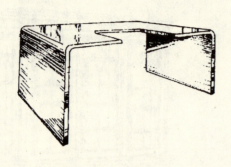

图 3-17 塑料儿童桌椅

4. 玻璃家具

以硅玻璃为原料，经过模压成型，制成非常独特的家具。由于玻璃有的是无色透明，有的是有色镜面玻璃，晶莹剔透，闪闪发光，材料质感别具一格。因此通常用于制作茶几、餐桌、餐椅和供陈列艺术品的台、架类家具。这类家具充分体现出豪华、富丽、华贵的气派，是室内环境中非常具有装饰效果的家具品种。

5. 竹藤家具

以天然的竹材和藤材为原料制作的家具。竹藤取之于自然，在加工的过程中不作过多的修饰，具有大自然的美。在一定的环境中，使用竹藤家具，能收到雅俗共赏的效果。

3.5 家具的结构

3.5.1 木制品的接合

1. 接合的方式：木制品就是各种木质制品的总称。它是由许多不同形状的零件和部件通过一定的接合方式所构成的。制品的接合方法有榫接合、胶接合、木螺钉接合、金属连接件接合、圆钉接合等。采用不同的接合方法，对于制品的美观和强度、加工过程以及成本等均有不同的影响。

（1）榫接合：榫接合是榫头嵌入榫孔所组成的接合。接合时通常都要施胶。榫头与榫孔各部分名称，如图 3-18 所示。榫头的种类很多，但基本形状只有三种，即直角榫、燕尾榫和圆榫，如图 3-19 所示。至于头，也都是由此三种榫头演变出来的。

（2）胶接合：这种接合法是指单纯用

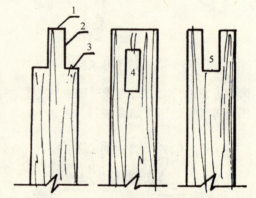

图 3-18 榫头与榫孔各部分名称
1—榫端；2—榫颊；
3—榫肩；4—榫孔；5—榫槽

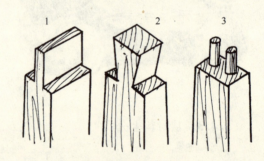

图 3-19 榫头的种类
1—直角榫；2—燕尾榫；3—插入圆榫

胶来胶合木结构的零件、部件或制品。由于近代新胶种的出现，家具结构应用胶接合的方法愈来愈广。例如用短料、窄料胶拼成宽幅面的无缺陷的整块板材，覆面板家具的小门和旁板（侧面板）的胶合，缝纫机台板、收音机外壳的制造均属胶接合。

胶接合还适于在其他接合法不能使用的场合，例如薄木与塑料贴面板的胶贴，乐器、铅笔、钟壳、体育用品以及纺织机械的木配件均属此类。胶接合的很多优点，可以小材大用、劣材优用、省工、省料，还可以提高木制品的装饰质量。

（3）木螺钉接合：木螺钉也叫木螺丝，它是一种金属制的连接件，有平头螺丝和圆头螺丝两种。这种接合法，主要应用在家具的台面、柜面、背板、椅座板、顺斗挡的安装以及家具中的五金配件的连接。此外包装箱生产、客车厢以及船舶装饰的固定均采用木螺丝接合。

（4）金属连接件接合：金属连接件的种类很多，除了作辅助接合外，大部分用于家具部件的装配。它是板式拆装家具中应用最广的一种接合方法，能使家具部件标准化生产，为机械化、自动化生产提供有利的条件。目前常用的金属连接件有螺旋式、接拆式、挂钩式等几种形式。国外已发展用塑料、尼龙等多种形式的连接件。

（5）圆钉接合：圆钉有金属、竹、木制三种。钉接合易损坏木材，强度小，故家具生产中很少单独使用。仅用于表面不显露的部位，如抽屉滑道的固定或者用于瞒板（覆面板）、钉线脚、包线等处。钉接合在一般情况下都是与胶料配合进行，有时则起胶接合的辅助作用。亦有单独使用的，如包装箱生产、衣箱盖板、底板的固定等。竹钉、木钉在我国的应用极为普遍，有些类似圆榫的用法。

2. 榫接合的分类与应用

（1）以榫头的数目来分，有单榫、双榫和多榫，如图3-20所示。一般框架的方材接合，多采用单榫和双榫，如桌子、椅子等。只有箱框的板材接合才用多榫，如木箱、抽屉皆是。

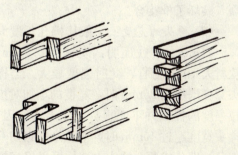

图3-20 榫头的数目

（2）以榫头的贯通或不贯通来分，有明榫和暗榫，如图3-21所示。暗榫主要是为了产品美观，避免榫头暴露在制品的表面而影响装饰质量。所以，中、高档家具的榫接合主要用暗榫。但明榫的强度比暗榫大，所以在受力大的结构和非透明装饰的制品中，多采用明榫，如门、窗以及工作台等。中、高档家具中，在不显露的部位也可采用明榫，以增加家具的强度。

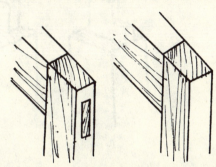

图3-21 明榫和暗榫

（3）以榫头侧面看到或看不到来分，有开口榫和闭口榫，如图3-22所示。直

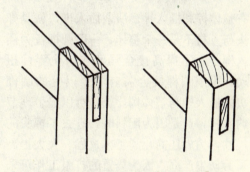

图3-22 开口榫和闭口榫

角开口榫加工简单，但由于榫端和一侧面显露在表面，因而影响制品的美观，所以一般装饰的表面多采用闭口榫接合。此外还有一种介于开口榫和闭口榫之间的半闭口榫（图3-23）。这种半闭口榫接合，既可

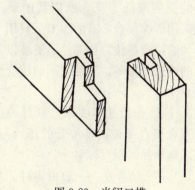

图3-23 半闭口榫

防止榫头的移动，又能增加胶的面积，因而具备了开口榫和闭口榫两者的优点。一般应用于能被制品某一部分所掩盖的接合处以及制品的内部框架。例如桌腿与横挡的接合部位，榫头的侧面就能被桌面所掩盖。而无损于外观。闭口榫的榫头都需要锯切，如图3-24所示。有的一面接肩至四面接肩，还有中间接肩的。榫肩的正确角度不应超过90°，如超过90°，则榫肩就有缝隙产生。闭口榫距离端表面的尺寸，应不小于10～15mm。榫肩的锯割与否是根据需要决定的。

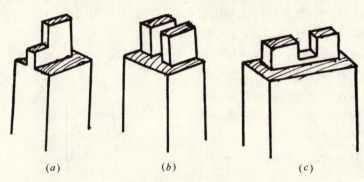

图3-24 闭口榫榫头锯切图

(4) 以榫头的断面形状来分，有平榫和圆榫。圆榫也叫插入榫，见图3-19所示。

(5) 以榫头和方材本身的关系来分，有整体榫和插入榫。所谓插入榫，就是榫头与方材不是一个整体，一般圆榫皆为插入榫。为了提高接合强度和防止零件扭动，采用圆榫接合需有两个以上的圆榫头。插入榫与整体榫比较，可以显著地节约木材，这是因为配料时，省去了榫头的尺寸，另外还简化了工艺过程，大大提高了劳动生产率。因为繁重的打眼工作可采用多轴钻床，一次完成定位和打眼的操作。圆榫头（圆棒）可在圆棒机上加工，生产率更高。此外采用插入榫接合，还可以改变制品的结构，便于拆装和运输，为组件涂饰和装配机械化创造了条件。因此有很多国家采用了圆榫。但由于插入榫比整体榫的强度减低30%，所以我国还没有广泛采用圆榫接合。有的加工厂只用于受力不大的接合部位，如部件的安装以及碎料板的镶边处理等，零件之间的接合很少采用。

3. 榫接合的技术要求：家具的损坏常出现在接合部位，榫接合的正确与否，直接影响制品的强度。

(1) 榫头的厚度：一般由零件的尺寸而定。为了保证接合强度，单榫的厚度接近于方材厚度的1/2，双榫的总厚度也接近于方材厚度或宽度的1/2。为使榫头易于插入榫孔，常将榫端的两面或四面削成斜棱呈30°。当木材断面超过40mm×40mm时，应采用双榫接合。如屉面下横撑两端采用双榫，既增加了接合强度，又可以防止方材扭动。根据上述技术要求，再考虑标准钻头的使用。榫头的厚度为6mm、8mm、9.5mm、12mm、13mm、15mm等。榫的厚度，根据生产实践证明，等于榫孔宽度或比榫孔宽度小0.3mm时，则抗拉强度最大，如果榫头的厚度大于榫孔宽度反而使强度下降。这是因为榫头与榫孔接合，还要经过胶料的作用，才能获得较高的强度。榫头的厚度若大于榫孔尺寸，安装时还易使方材劈裂，破坏了榫接合。

(2) 榫头的宽度：一般比榫孔长度大0.5～1mm。实践证明：硬材大0.5mm，软材大1mm为宜，此时强度较大。当榫头宽度增加到25mm时，宽度的增加对抗拉强度的提高并不明显。鉴于上述原因，榫头宽度超过40mm时，应从中间锯切一部分，即分成两个榫头，这样可以提高榫接合强度，如图3-24(c)。

(3) 榫头的长度：是根据各种接合形式决定的。当采用明榫接合时，榫头的长度应等于接合零件的宽度或厚度；如为暗榫时不能小于榫孔零件宽度或厚度的一半。

榫长与强度的关系，实验证明：家具的榫接合，当榫长在15～35mm时，抗拉、抗剪强度随尺寸增大而增加，当榫长在35mm以上时，抗剪强度随尺寸增大而下降。由此可见，榫头的长不宜过大，一般在25～30mm时的接合强度最大。总之，榫接合的强度决定于榫头的几何形状，榫头与榫孔的正确配合以及胶着面积的大小。当采用暗榫时，榫孔的深度应当比榫头长度大2mm，这样可避免由于榫头端部加工不精确或木材膨胀使榫头撑住榫孔的底部，形成榫肩与方材间的缝隙。若是用链式打眼机加工榫孔时，其后备深度还要加大。

（4）榫头厚度与方材断面尺寸的关系，如图3-25所示。单榫距离外表面不小于8mm，双榫距离外表面不小于6mm。

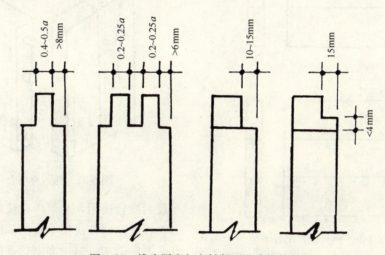

图3-25 榫头厚度与方材断面尺寸的关系

3.5.2 主要部件的结构

1. 拼板：用窄的实木板胶拼成所需要宽度的板材，称为拼板。日常所使用的中、低档办公桌，写字台等大部分家具的面板、椅座板和钢琴的共鸣板都是采用实木板胶拼的。为了尽量减少拼板的收缩和翘曲，单块木板的宽度应有所限制。如有些工厂规定，当板材超过200mm以上时，应锯解成两块使用。采用拼板结构，除了限制单块板的宽度外，小板的树种和含水率应一致，则形状才能保持稳定。

（1）拼板的接合法

平板接合：又称平拼接合。这种结构，由于不开榫不打眼，胶接面厚度上（拼板背面）允许有1/3的倒棱，故在材料利用上较经济。但在胶拼的过程中，小板的板面不易对齐，表面易发生凹凸不平现象，因此材料的厚度余量要增大。此法加工简单，应用很广（图3-26）。

裁口（企口）接合：又称高低缝接合。

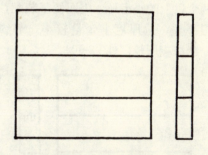

图3-26 平板结合

此法易胶拼，材料消耗比前者多6%～8%（图3-27）。

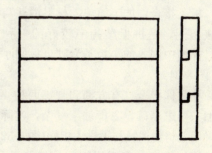

图3-27 裁口（企口）结合

槽榫接合：又称龙凤榫接合。此法装配简单，材料消耗与裁口接合相同，拼板收缩时可掩盖住缝隙。常用于人字地板、密封装箱等处（图3-28）。燕尾槽榫接合：此法加工复杂，不易装配，实际很少采用（图3-29）。

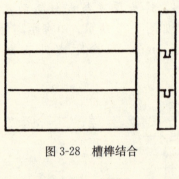

图3-28 槽榫结合

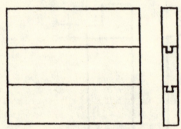

图3-29 燕尾槽榫结合

齿形接合：又称指形接合。胶接面上有两个以上的小齿形，因而便于装配，拼板很平整，故厚度上余量较小，节约材料，此法应用较广（图3-30）。

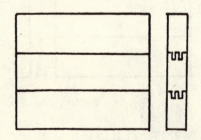

图3-30 齿形结合

板条接合：加工简单，材料消耗与平拼法相同，是拼板结构中较好的一种方法。榫槽中嵌入的小板条为胶合板的小边条（图3-31）。

插入榫接合：有方榫和圆榫两种。此法加工要求精确，方榫加工复杂，实际很少采用，材料消耗与平拼法相同（图3-32）。

螺钉接合：有明螺钉与暗螺钉两种。前种方法是在拼板的背面钻有螺丝孔，可

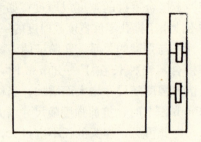

图3-31 板条结合

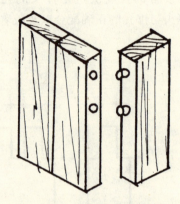

图3-32 插入榫结合

与胶料配合使用，亦可单独使用；后一种方法较复杂，在拼接小板的侧面开一个钥匙孔形的槽沟，另一面上拧有螺钉，靠螺丝帽与槽孔的配合使其结合在一起。明螺丝钉接合强度大，应用广泛（图3-33）。

图3-33 螺钉结合

木销接合：又称元宝榫接合。将木制的插销嵌入拼板平面的接缝处，当拼板很厚时，方可使用，如制造水箱（图3-34）。

穿带接合：将木带刨成燕尾榫簧形式，贯穿于木板的燕尾榫槽中。此法可控制拼板的翘曲。仓库用门、汽车库用门、篮球板等常采用此种结构，有的方、圆桌面也用此结构制作（图3-35）。

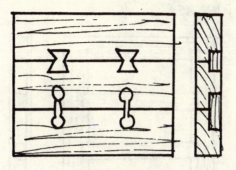

图 3-34 木销结合

图 3-35 穿带结合

螺栓接合：这是连接大型板面最坚固的方法，多用于试验桌、篮球板、乒乓球台面等处(图 3-36)。

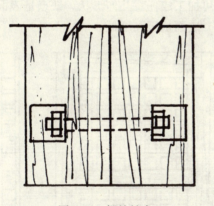

图 3-36 螺栓结合

金属连接件接合：是将波纹金属片垂直打入拼板的接缝处，多用于不重要的拼板上或者有覆面的结构中(图 3-37)。

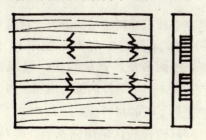

图 3-37 金属连接件结合

(2) 拼板镶端结构：

采用拼板结构，当木材含水率发生变化时，拼板的变形是不可避免的。为了防止拼板发生翘曲，常采用镶端法加以控制。

榫槽镶端法：有直角榫和燕尾榫两种形式，多用于绘图板与工作台面(图 3-38)。

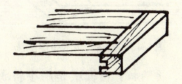

图 3-38 榫槽镶端法

透榫镶端法：是前一种榫槽镶端的加固法(图 3-39)。

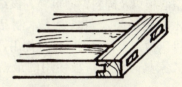

图 3-39 透榫镶端法

斜角透榫镶端法：它具有前两种镶端法的优点，并看不到木材的端表面。此法不适于机械加工，是我国古代家具中常用的镶端结构(图 3-40)。

图 3-40 斜角透榫镶端法

矩形木条镶端法：加工简便，但板端不美观(图 3-41)。

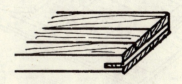

图 3-41 矩形木条镶端法

三角木条镶端法：较矩形木条镶端美观，但加工质量难保证，实际很少采用(图 3-42)。

胶贴三角木条镶端法：加工简单，多用于一般的板而镶端(图 3-43)。

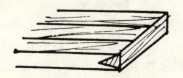

图 3-42 三角木条镶端法

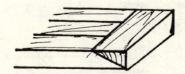

图 3-43 胶贴三角木条镶端法

2. 覆面板：覆面板是用小料或碎料板做芯板，表面覆盖以优质的胶合板、塑料贴面板或薄木经胶压制成所需要宽度的部件，均称为覆面板。它包括细木工板、各种空心板以及碎料贴面板等，该结构减少了木材的缺陷，亦减少了木制品的变形，可以做到小材大用，劣材优用，是制造板式家具时代替拼板使用的最新结构形式。

（1）覆面板的类型

细木工板：可根据部件的尺寸先制成定型框，芯板用很多小木条拼成，其上下两面均胶合两层单板或一层合板。细木工板的重量和拼板的重量近似，它的特点是结构稳定，可以开榫打眼，适应各种接合方法，但制造较复杂。它应用很广，如缝纫机台板，高档家具的柜门、旁板、抽屉面均采用该结构（图 3-44）。

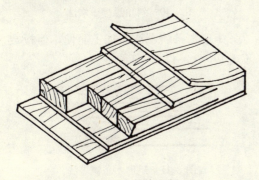

图 3-44 细木工板

空心板：它的内部是一种木框结构，在两面胶上数层单板或胶合板。为了防止表面下陷，木框中间可加若干横挡，亦可用单板、胶合板条或蜂窝纸作填充料（图 3-45）。

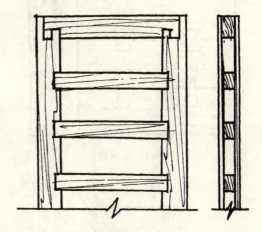

图 3-45 空心板（1）

使用空心板在接合的部位必须加横挡，如固定展下撑的部位，必须有横挡支撑。一般横挡之间的距离可取 50～70mm。为了防止表面鼓起，横挡须留有排气孔，各种结构形式见图 3-46 所示。这种结构由于重量轻，节省材料，形状稳定，可作为家具和船舶的良好板状材料，广泛用作桌面板、旁板、柜门等部件。周边可加工成任意几何形状。缺点是表面不平、表面抗压强度低。

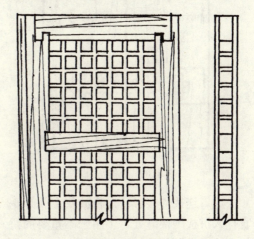

图 3-46 空心板（2）

空心板以蜂窝板结构最为合理。实验证明：蜂窝板造型轻巧，能节约木材 50%，板面平整，重量约比一般家具轻 40% 左右。由于纸蜂窝板的出现，为家具生产提供了新的材料（图 3-47）。

碎料覆面板：是用刨花板、碎料板、锯屑板等做芯板，周边可以有成型木框，

料(图3-45)。

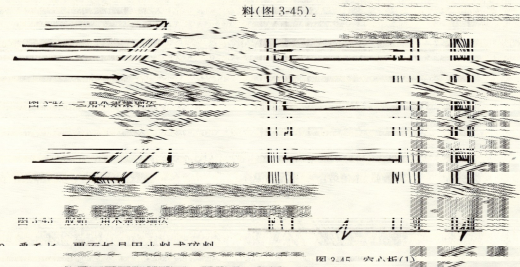

板做心板,表面覆盖以优质的胶合板、塑料贴面板或薄木贴面所制成的家具板部件,它称为覆面板。它包括细木工板、空心板以及塑料贴面板等,表面装饰了木材的缺陷,防碳了木制品的变形,可以做到小材大用,劣材优用,是制造板式家具时代替拼板使用的最新结构形式。

(1) 覆面板的类型

细木工板:可根据部件的尺寸先制成定型框,芯板用很多小木条拼成,其上下两面均胶合两层单板或一层合板。细木工板的重量和拼板的重量近似,它的特点是结构稳定,可以开槽打眼,适应各种接合方法,但制造较复杂。它应用很广,如缝纫机台板,高档家具的柜门、旁板、抽屉面均采用该结构(图3-44)。

空心板:它的中部是一种人板结构,在两面胶上数层单板或胶合板。为了防止表面凹陷,木框中间用细木工槽档,小部件在固定槽卜程的部位,必须有横档支撑,一般横档之间的距离可取50 ,另外为防止表面鼓起,横档上需开排气孔,各种结构形式见图3-46所示。这种结构由于重量轻、节省材料、形状稳定,可作为家具和船舶的良好板状材料,广泛用作桌面板、旁板、柜门等部件。周边可加工成任意几何形状。缺点是表面不平、表面抗压强度低。

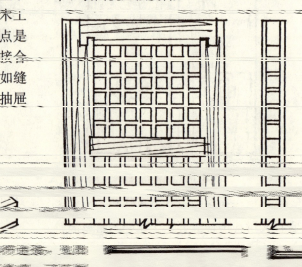

空心板板芯与两面胶合板角合方法,重量50%,板面平整,重量约比一般家具轻40%左右。由于纸蜂窝板的出现,为家具生产提供了新的材料(图3-47)。

拼料覆面板:是用刨花板、纤维板

镶边后再刨成不同型面,可广泛应用于各种板面柜门之间的叠缝、旁脚等处。各种形式的镶边如图 3-52。

榫接合法:可采用涂胶的槽榫接合、圆榫接合或插入板条接合。应当指出,只有细木工板才允许在板边上留有榫头,而其他人造板只能在板边上留有榫槽或钻圆孔,这样才能获得牢固的接合。实验证明,采用圆榫接合比插入板条接合强度大。它广泛应用于门板、旁板、面板的镶边。各种接法如图 3-53 所示。

薄木板夹角包线接合法:高档家具,要求木材纹理清晰,四周不能有镶边木材

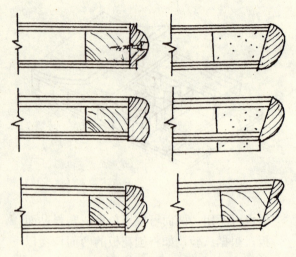

图 3-52 实木胶合法

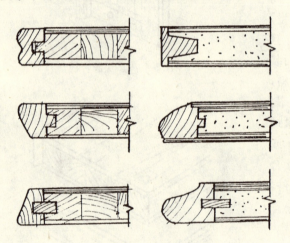

图 3-53 榫结合法

出现,因而采用夹角包线接合法,主要靠胶接合并采用"按钉"配合进行。这种结构用于高档家具的门板、面板及旁板等(图 3-54)。

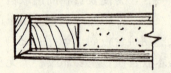

图 3-54 薄木板夹角包线结合法

3. 框架与柜架嵌板结构

最简单的框架结构是由纵横四根方材以榫接合而成。纵向方材称"梃"或"立边",横向方材称"横挡"或"毛头"如在框架中间再附加方材,横向的称"中挡",纵向的称"立挡,如图 3-55 所示。在一般情况下,梃上钻有榫孔、横挡两头开出榫头。属于框架结构的木制品很多,如门、窗、桌、凳、椅子以及框架嵌板柜等。

(1) 框架角接合:根据结构的要求和零件在制品中的位置,采用各种方法和不同的榫接合方式。

直角接合:多采用整体平榫,也有用插入圆榫的。各种接合方法与应用,见表 3-1。

斜角接合:这种接合结构,可以避免直角接合的缺点,将两根接合的方材端部切成 45°斜或单扇切成 45°斜面后,再进行接合。它可遮住不易加工、不易装饰的方材端部,装配后方材的周边都是纵向纹理,另外,装饰的表面能获得美观的格角形状。其接合方法见表 3-2。

(2) 框架中挡接合:它包括各类框架的中挡、立挡、椅子和桌子的牵脚撑等。常用的接合方法见表 3-3。

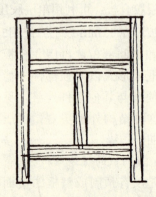

图 3-55 框架与柜架嵌板结构

直角接合方法　　　　　　表 3-1

接合方法	应用说明	接合方法	应用说明
开口不贯通双榫	双榫头可防止零件扭动。榫头端表面不显露于外表面，应用于屉面上横撑与桌腿的接合	开口不贯通单榫	用于有面板覆盖处的框架角接合，如屉面上横撑（横挡）与腿的接合
开口贯通单榫	常用于非装饰表面，如门扇、窗扇角接合、覆面板内部框架等，常以木销钉做附加紧固	半闭口不贯通榫	榫头不显露于表面，广泛应用于框架的角接合、柜门、旁板以及椅前腿与望板的接合等
开口贯通双榫	接合牢固，用于较厚方材的角接合。如门框、窗框等角接合部位，常以木销钉做附加紧固	闭口贯通单榫	适用于表面装饰质量要求不高的各种框架角接处
闭口不贯通双榫	接合强度大，榫头完全被掩盖，适于透明装饰的各种框架角接合以及屉面下横撑与桌腿的接合	插入圆榫	接合强度比整体平榫低30%，钻孔要求准确，用于沙发扶手与前腿的接合，钟框的角接处
闭口不贯通单榫	广泛应用于木框结构的角接处，如柜门、旁板、镜框等，带有割肩（切肩）的单榫用于框嵌板结构的角接处	燕尾榫接合	比平榫接合牢固，榫头不易滑动，适用于长沙发脚架或覆面板成型框架的角接合

斜 角 接 合 方 法　　　　　　　表 3-2

接 合 方 法	应 用 说 明	接 合 方 法	应 用 说 明
双肩斜角暗榫	适于框架两侧面都是装饰的表面，如沙发扶手的角接部位，床屏的角接合等	双肩斜角交叉暗榫	应用范围同"双肩斜角暗榫"
双肩斜角贯通单榫与双榫	单榫适于衣柜小门与旁板的木框角接合；双榫适于断面大的斜角接合，如平板结构的床屏木框与茶几旁脚木框的角接合	插入明榫	应用范围同"插入暗榫"
单肩斜角明榫与暗榫	适于高档家具台面板镶边角接合	插入圆榫	适于各种斜向接合，要求钻孔准确
插入暗榫	适于断面小的斜角接合。插入板条可用合板条或金属板代替		

框架中挡接合方法 表3-3

接 合 方 法	应用说明	接 合 方 法	应用说明
直角明、暗单榫 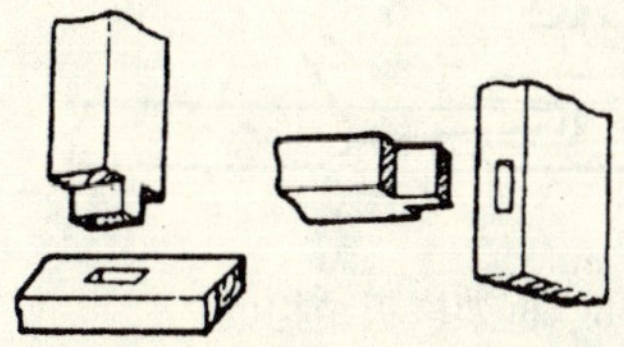	适于桌椅的牵脚挡、衣橱旁框的中挡接合	直角明、暗双榫 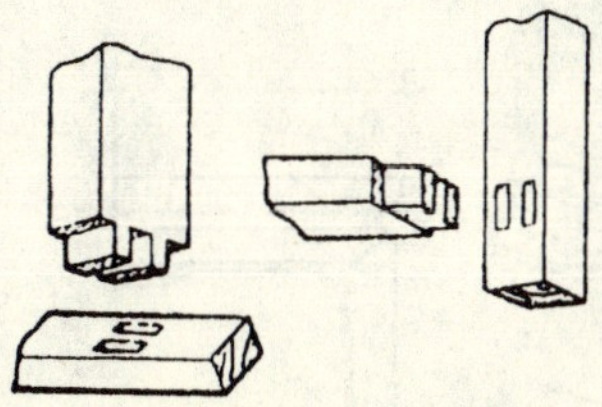	适于门扇、窗扇和床架子的中挡接合，屉面下横挡与桌子脚的接合
直角纵向明、暗双榫 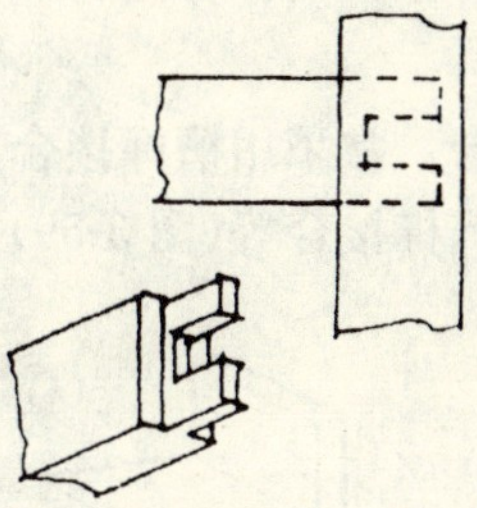	暗榫适于桌子望板与桌脚的接合，柜子的牙板与柜脚的接合；明榫适于门扇中挡接合以及床望板与床脚的接合	直角与燕尾开口榫接合 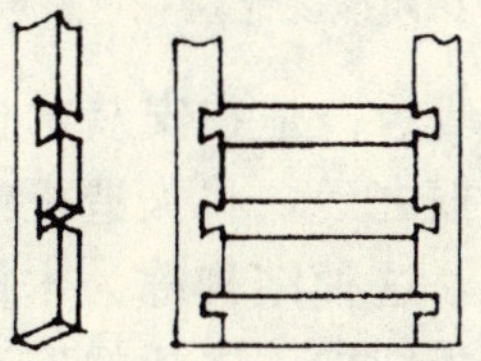	应用范围同"直角槽榫接合"
插入圆榫 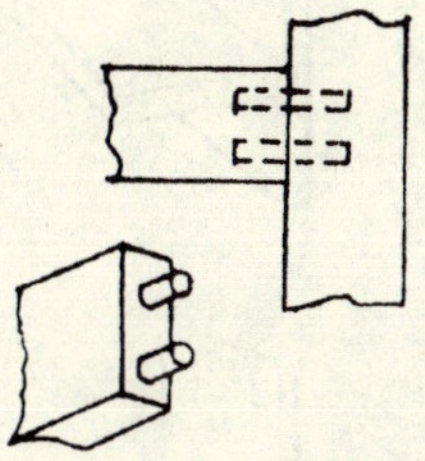	适于各种框架中挡的接合	对开十字搭接法 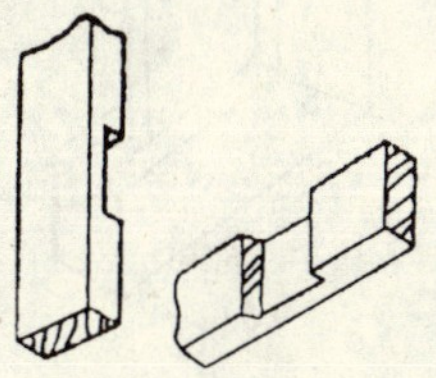	适于门扇、窗扇中挡以及空心板内部衬挡（豆腐格子）的接合
直角槽榫接合 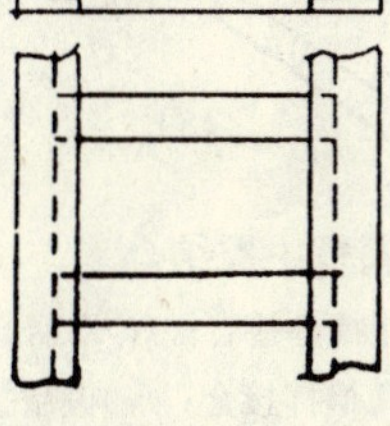	加工简单，便于安装，适于空心板框架的中挡接合	分段插入平榫 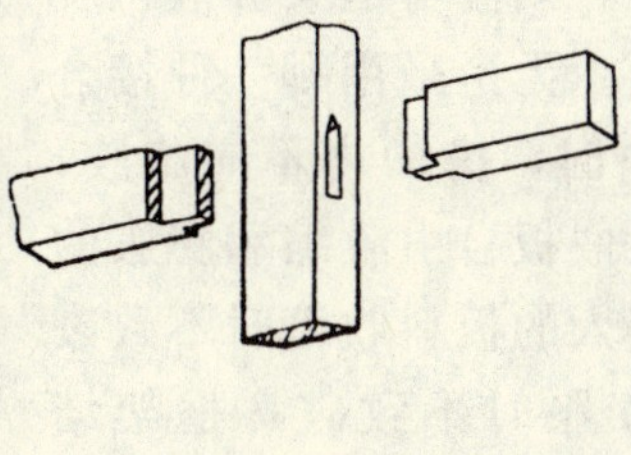	应用范围同"对开十字搭接法"

69

（3）格角榫接合（割角榫接合）：为了获得美观纹理，突出边角线型、阳线圆角处理等而采用的一种较复杂的结构形式。榫头是综合型的，既有直角榫，又有斜直榫，有时还带有插肩。我国古代家具最为常用。一般用于桌腿与望板以及衣柜脚架子的角接合（图 3-56）。

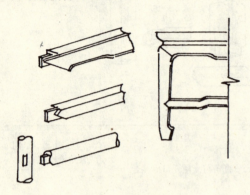

图 3-56 格角榫接合

（4）框架嵌板结构：是在安装木框的同时或在安装木框之后，将人造板或拼板嵌入木框中间，这种结构称为木框嵌板结构，也称装板结构。嵌板的安装方法有两种：一种是榫法，另一种是裁口法（图 3-57）。用裁口法嵌板还需用带

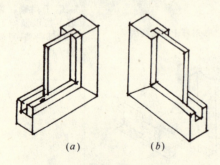

图 3-57 框架嵌板结构（1）
（a）裁口法；（b）槽榫法

型面的木条借助螺钉、圆钉固定。这种结构装配简单，易于更换嵌板，如果是槽榫法更换嵌板，则需将框架拆散再装入人造板或拼板。无论采用哪一种接合法，在嵌入板料时，榫槽内不应施胶，同时需预先留出嵌板自由收缩和膨胀的空隙，以便当嵌入的板料收缩时不致破裂脱落，板料膨胀时不致破坏框架结构，见图 3-58。采用框架嵌板结构，榫槽不应开在横挡榫头上，以免破坏接合强度。槽沟距离外表面不应小于 6～8mm，槽沟深度不应小于 8mm。如果槽沟开在榫头上，则横挡榫头的宽度应去掉槽沟部分，否则板料无法装入。

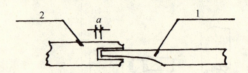

图 3-58 框架嵌板结构（2）
1—拼板嵌板；2—木框方材；a—空隙

（5）箱框：箱框是由四块以上的拼板构成的部件。

箱框角接合：这种接合的结构特点常采用多头的榫接合，其接合方法与应用见表 3-4。

箱框中撑接合：常采用槽榫接合、直角多榫接合、插八榫接合等（图 3-59）。

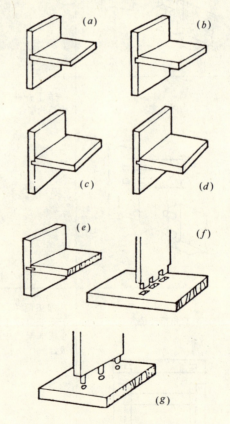

图 3-59 箱框中撑结合
（a）槽榫接合；（b）燕尾槽榫接合；（c）双肩直角槽榫接合；（d）双肩直角槽榫接合；（e）嵌条接合；
（f）直角多榫接合；（g）插入圆榫接合

箱框角接合方法　　　　　　　表 3-4

接合方法	应用说明	接合方法	应用说明
直角开口多榫	由于榫头露出外表面，影响美观，一般用于抽屉后角、包装箱等角接合	斜形开口多榫	接合强度大，适于各种仪器箱的角接合
明燕尾榫	适于抽屉、衣箱的后角接合及其他木箱的角接合	木条接口	有直角与斜角插条接合，强度不高，适于较小的仪器、仪表箱角接合
半隐燕尾榫	接合强度低于明燕尾榫，但有一面榫头被遮盖，适于抽屉前角以及衣箱的角接合	插入圆榫	加工简单，有足够强度，应用于衣柜顶板、底板与旁板的接合
全隐燕尾榫	接合强度低、榫头全部被遮盖，外形美观，用于高档家具的抽屉前角、包脚板的角接合	圆钉结合	加工简单，强度不高，适于屉面与抽屉旁板的接合和衣箱盖板、底板的固定，包装箱角接合
槽榫接合	开槽的板材端部易断裂，强度不高，适于材质坚硬的阔叶材，可做抽屉前角、后角以及包脚板的后角接合	加嵌木条的榫接合	适于刨花板箱角接合

3.5.3 家具的局部结构

1. 脚架的结构

一般木框嵌板结构的家具，结构是不可拆卸的。为了造型美观，充分利用短小的材料，改进结构实现部件化生产，可将制品分成几部分，单独制作脚架。常用的脚架结构有下列几种：

（1）亮脚结构：此种方法属于框架结构，常采用直角半闭口暗榫接合，用作会议桌、茶几、衣柜脚架等（图3-60）。在脚的上端开有直角单榫或双榫，可直接与制品其他部件接合。前脚之间可以有牙板连接，亦可不要牙板，前脚与后脚常用撑子连接（图3-61、图3-62）。另外，还可采用格角榫接合，用作高档家具的衣柜、写字台、梳妆凳的脚架等。我国古代家具多用此种结构（图3-63）。

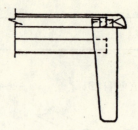

图3-62 前脚与后脚用撑子连接的亮脚结构

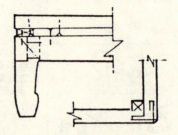

图3-63 格角榫结合的亮脚结构

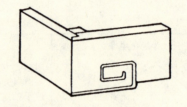

图3-64 包脚结构

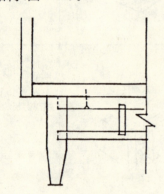

图3-60 直角半闭口暗榫结合的亮脚结构

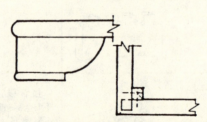

图3-65 塞角脚结构

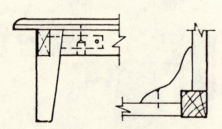

图3-61 用牙板连接或不用牙板连接的亮脚结构

（2）包脚结构：此法属于箱框结构，前角采用全隐燕尾榫，后角采用半隐燕尾榫接合。应用于写字台、床头柜和衣柜等包脚接合（图3-64）。

（3）塞角脚结构：采用全隐燕尾榫，塞角脚内部用三角卡木加固，应用于箱、柜类的家具（图3-65）。

2. 顶板、脚架与旁板的接合

（1）螺钉接合：这种接合具有足够强度，安装方便，不适于经常拆装，尤以碎料覆面板做旁板的部件。螺钉一般都是从上或从下部旋紧使用，螺丝帽不露在明处，以免影响美观（图3-66）。

（2）方木条（塞角）螺钉接合：安装简单，不适于经常拆装，适于中、低档板式家具的安装（图3-67）。

（3）金属直角板接合（连接器之一）：安装简单，不适于经常拆装，适于中、低档板式家具的安装（图3-68）。

（4）各种连接器接合：如螺钉、螺母

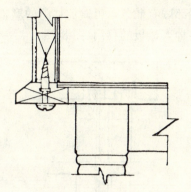

图 3-66 螺钉结合

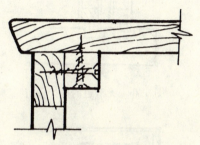

图 3-67 方木条(塞角)螺钉结合

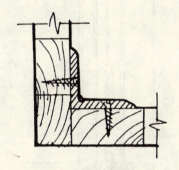

图 3-68 金属直角板结合

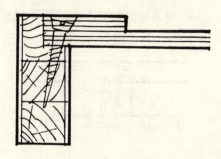

图 3-69 背板结合

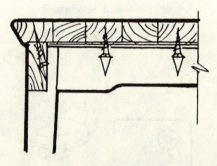

图 3-70 螺钉吊面法

(2) 插销榫接合：适于面板为拼板结构的装配，可使拼板自由的收缩和膨胀（图 3-71）。

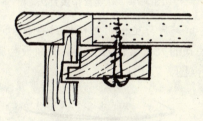

图 3-71 插销榫结合

(3) 金属连接器接合：适用于面板为拼板结构的装配，可使拼板的面板自由的收缩和膨胀（图 3-72）。

及各种特制连接件的接合，此法接合牢固，适于多次拆装。为便于安装，常借助圆榫做定位销，适于高档家具。

3. 背板的接合

常用的方法是在旁板上开出裁口，将背板嵌入，再用螺钉旋紧使之固定。如图 3-69 裁口可稍有倾斜，便于装入，也能使缝隙严密。为减轻制品的重量，背板常采用胶合板和纤维板，宽度较大的背板，需纵横方向加挡来增加强度。

4. 桌面与腿的接合

(1) 螺钉吊面法：采用榫接合制成腿子，在望板内侧或底部钻螺孔，旋紧木螺钉。此法接合牢固，外表美观，应用很广泛（图 3-70）。

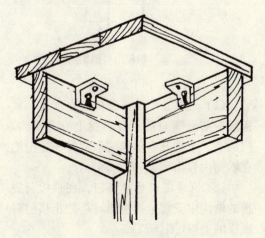

图 3-72 金属连接器结合

(4)加木板条榫接合：应用于伸长式餐桌的装配(图3-73)。

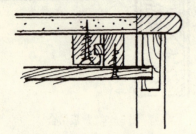

图3-73 加木板条榫接合

(5)螺丝套扣接合法：适于小型制品的面板与腿的接合，如茶几、圆凳等(图3-74)。

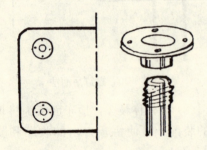

图3-74 螺丝套扣接合法

(6)脚与望板用对销螺丝接合：适于拆装式的大餐桌、大会议桌的面板与脚的接合(图3-75)。

图3-75 脚与望板用对销螺丝接合

5. 拉门(移门)装配结构

(1)无滑道的槽榫移门：在顶板与底板或在前上撑与前下撑方材上开有槽沟，门的上、下端开有单肩或双肩榫头，门能在槽沟内自由移动(图3-76)。

(2)有滑道的槽榫移门：在顶板与底板的槽沟中安装金属滑道，可防止移门对底板的磨损(图3-77)。

(3)嵌有插入榫的移门：在门的上、下端部嵌有插条，可避免移门的磨损，适于各种人造板的移门(图3-78)。

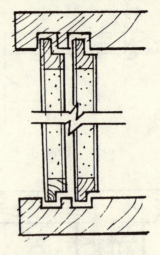

图3-76 无滑道的槽榫移门

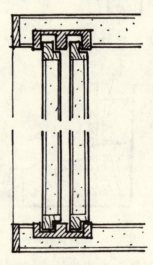

图3-77 有滑道的槽榫移门

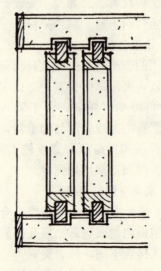

图3-78 嵌有插入榫的移门

(4) 有滑道无榫头的移门：适于人造板的移门（图3-79）。

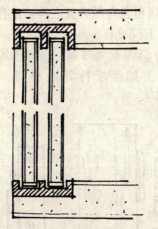

图3-79 有滑道无榫头的移门

(5) 门上开槽的移门：顶板与底板嵌有槽形金属板，或用坚硬的木条代替金属板使用，移门上开有沟槽（图3-80）。

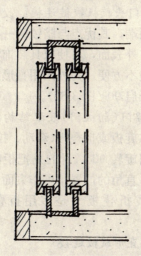

图3-80 门上开槽的移门

(6) 带有爪状金属板的移门：外表美观，两个门可在同一个平面上移动，适于板式家具移门的安装（图3-81）。

(7) 带有滑轮（吊轮）的移门：吊轮安装在移门上，轨道安装在柜的顶板或横挡上（图3-82）。

(8) 卷门：可以左右移动，亦可上下移动，结构复杂，适于带有曲线的门或盖板的安装使用（图3-83）。

6. 开门（铰链门）装配结构

开门的装配主要靠铰链（合页）的连接。不管用何种铰链，首先要考虑使柜门的开度能达180°（个别情况只能开90°），

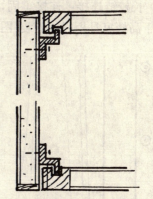

图3-81 带有爪状金属板的移门

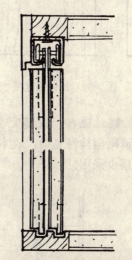

图3-82 带有滑轮（吊轮）的移门

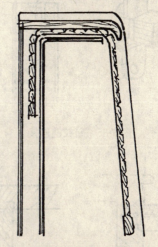

图3-83 卷门

不能妨碍柜内抽屉的拉出；其次是柜门与旁板之间的缝隙要严密，可将这条缝隙做成防尘槽或弧面沟，也可以用带唇的覆盖板隐盖之；还要考虑连接配件装配后的外观，如高档高具开门的安装常采用铰链或门头铰链（旋板）连接。

(1) 长铰链连接：连接牢固，外形美观，用于高档家具柜门的安装(图3-84)。

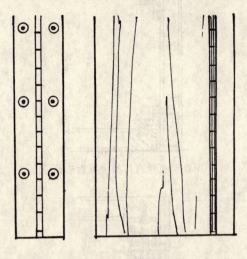

图3-84　长铰链连接

(2) 暗铰链连接：铰链完全被掩盖，家具表面清晰但构件复杂，成本高，安装费工，故很少采用(图3-85)。

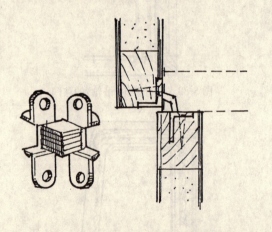

图3-85　暗铰链连接

(3) 短铰链连接：应用最广，中、低档家具皆可使用，小门可安装在两旁板之间，也可覆盖在两旁板之前，适合各种装配方式(图3-86)。

(4) 活动铰链连接：应用于家具的活动部件上如要求拆卸的小门、镜子等(图3-87)。

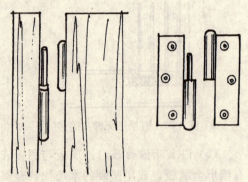

图3-87　活动铰链连接

(5) 门头旋板铰链连接：铰链安装在柜门的两端，其优点与暗铰链一样，铰链不显露在外表面，可使家具装饰清晰。缺点是安装不方便，另外采用直形旋板，柜门只能开启90°(图3-88)。

7. 摇门(翻板门)装配结构：摇门的安装是靠旋板或折叠板(牵动、拉杆)的连接使柜门旋转90°，目的是把柜门控制在与柜成一直角的位置，可作桌面使用。另外旋板或折叠板又是多用折叠家具的附件。

(1) 直形旋板连接

旋板由两片直形板组成，其中一片板上带固定轴并在端部有弯钩安装在摇门

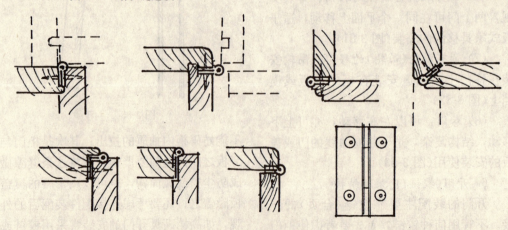

图3-86　短铰链连接

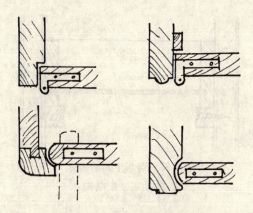

图 3-88　门头旋板铰链连接

上，另一片板上带孔和爪安装在旁板上，轴在孔中转动，弯钩卡在爪子上即可控制摇门的水平位置(图 3-89)。

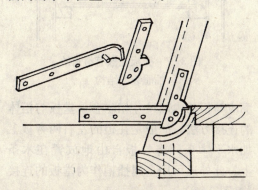

图 3-89　旋板由两片直形板组成的直形旋板连接

有两个回转轴的直形旋板，固定在摇门上，另一片 L 形金属板上有八字形的槽沟，固定在旁板上，摇门开启使两个轴同时在槽沟中滑动，直到水平位置(图 3-90)。

图 3-90　旋板由两个回转轴组成的直形旋板连接

直形旋板有两个固定轴，另一片方形金属板上有一个孔和呈弧形的横沟(1/4 圆)。当摇门开启后，一个轴可固定旋转，另一个轴在槽沟中滑动，当转到水平位置，即成水平桌面(图 3-91)。

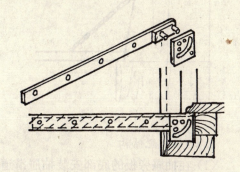

图 3-91　旋板由两固定轴组成的直形旋板连接

（2）旋板与折叠板连接

直形折叠板连接：旋板只起铰链的作用，主要靠各种折叠板固定摇门成水平位置(图 3-92)。

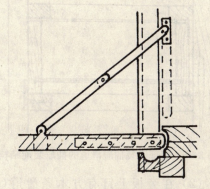

图 3-92　直形折叠板连接

弧形折叠板连接：见图 3-93 所示。

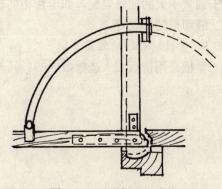

图 3-93　弧形折叠板连接

（3）瓜子链条：瓜子链条可代替旋板和折叠板的使用。瓜子链条价格经济，装配简单，但承载重量不大，可用于普通家具上(图 3-94)。

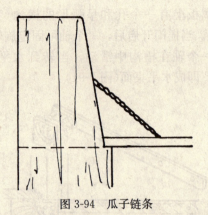

图 3-94 瓜子链条

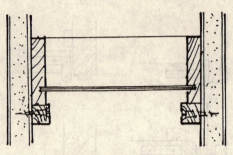

图 3-96 旁板上钉有方木条的抽屉装配结构

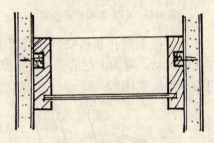

图 3-97 旁板上嵌有滑道的抽屉装配结构

8. 抽屉装配结构

(1) 在抽屉旁板的底部安装抽屉滑道(图 3-95),抽屉滑道是利用小胶合板条用小圆钉固在抽屉撑上。屉撑可单独安装,采用榫接合并与螺钉配合使用,适于框架式家具。

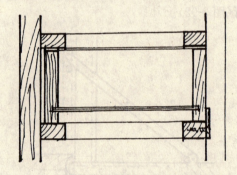

图 3-95 底部安装抽屉滑道的抽屉装配结构

(2) 在旁板上钉有方木条滑道(图 3-96),适于板式家具。

(3) 抽屉旁板上嵌有滑道,图 3-97,适于载重不大的抽屉装配,如卡片柜的抽屉、缝纫机的抽屉等。

9. 堂板(搁板)的装置

堂板是用拼板或人造板做成的,其外廓应与柜的内部尺寸相吻合。堂板与柜体的连接方法,一般是在柜的左右两旁板上加水平木条,将堂板自由地放置在木条上。此外还可用金属插销作为堂板的连接物(图 3-98)。

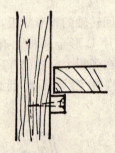

图 3-98 用金属插销的抽屉装配结构

第4章 家具的尺度

家具是人们日常工作、学习、休息等活动中不可缺少的用具，与人体的关系非常密切。家具的尺度是否合适，对人们的工作、学习都有直接的影响，家具的舒适度主要取决于尺度和尺寸处理的是否恰当。因此，我们在家具设计中要注意家具的尺度，以满足人们的合理使用要求。

我国成年人的平均高度，男为1.67m，女为1.56m。

各地区人体高度差异如下：

(1) 河北、山东、辽宁、山西、内蒙古、吉林及青海等地人体较高，其成年人的平均高度，男性为1.69m，女性为1.58m。

(2) 长江三角洲、浙江、安徽、湖北、福建、陕西、甘肃及新疆等地人体身材适中，其成人的平均高度男性为1.67m，女性为1.56m。

(3) 四川、云南、贵州及广西等地人体较低，其成年人的平均高度，男性为1.63m，女性为1.53m。

(4) 河南、黑龙江介于较高与中等人体的地区之间，江西、湖南及广东介于中等与较低人体的地区之间。

图4-1是人体与各类家具的尺度。
图4-2是各类凳椅的尺度。
图4-3是各类凳椅常用尺寸表。
图4-4是衣柜各部分的常用尺寸。
图4-5是床的尺度。
图4-6是办公桌的尺度。

1966年我国对5种木制家具的基本规格尺寸作了统一规定，定为国家标准。这5种家具是办公桌、办公椅、文件柜、衣柜和床。设计这些家具时，它们的外形尺寸应按这个标准确定（GB 3326～3328—82）。

以上5种木制家具基本规格尺寸的确定，是以满足人们的合理要求为前提的。

办公椅：座高440mm是依据我国人体平均小腿长度在380～420mm之间，并加鞋底厚20mm，取其中上限值定出的。座宽是根据人体臀宽310～320mm，并留有一定的活动范围，同时考虑到造型比例的要求定出的。座深主要根据大腿水平长420～450mm，而腿内侧至座前沿尚需保持一定空隙为最舒适而定的。背倾角是为了人体依靠椅背休息时，能最合理的支撑上体的部分体重，以减轻下肢的负荷。国家标准规定的背倾角是根据各地经验而定的。座倾角的设计则是为了平衡人体靠背休息时向前滑动的力量，一般为2°～3.5°，故座前后高度差约为10～20mm。扶手高是根据人体时下尺寸为220～240mm，手放扶手上应能使肩部肌肉放松，所以扶手高度比这个尺寸小一些为宜。

办公桌：桌高应与椅高相适应，以使视距保持为340～350mm左右。桌面的长和宽采用了几组尺寸，以适应不同的应用场合，如家庭用的尺寸就比较小。桌面的最大尺寸以两臂能伸展得到为限，最小尺寸以能放下玻璃板、墨水瓶等文具用品为限，其长宽比又考虑了造型要求。此外，桌面尺寸还考虑了人造板规格，中间空净高与中间空净长要能保证坐时小腿及膝盖等部位有合理的活动空间诸因素。柜脚净高尺寸不小于120mm，是综合了打扫卫生、合理利用空间、造型美观以及柜底存放小器皿等多种因素而确定的。大的办公桌或写字台尺寸的确定只是桌面长、宽比例的变化，以适应使用的需要。柜脚净高尺寸通用于文件柜和衣柜等。

文件柜：高度以人能够得着上层空间为准，定为1800mm。深度及每层高度主要依据文件夹、档案袋、纸张和各种不同

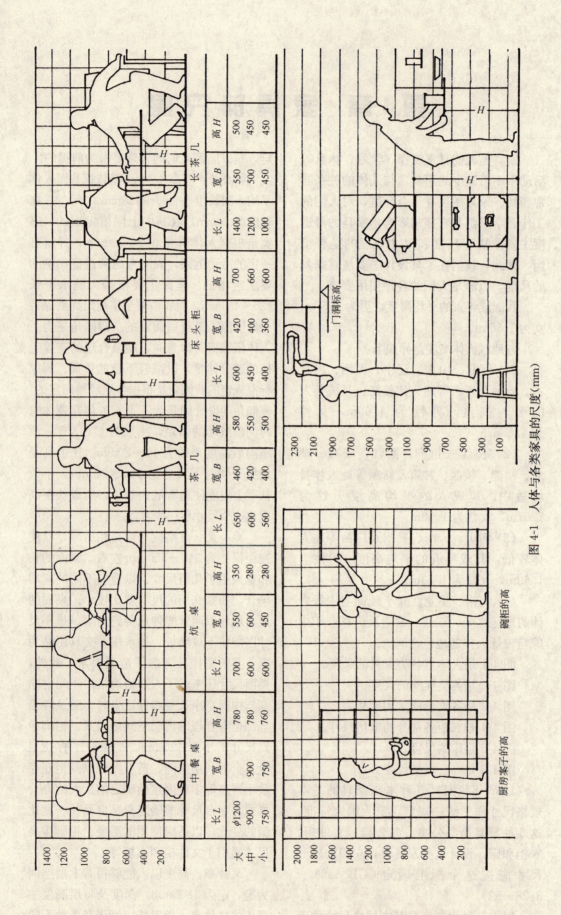

图 4-1 人体与各类家具的尺度(mm)

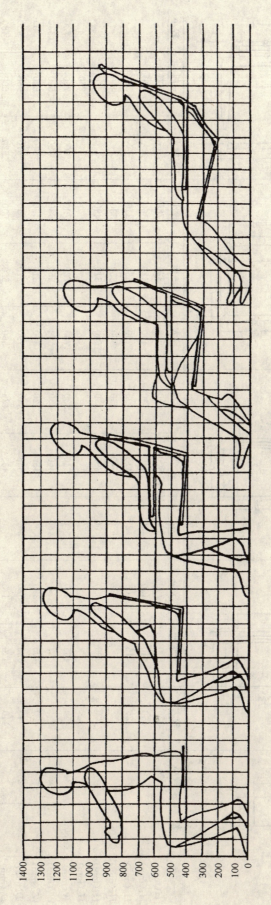

图 4-2 各类凳椅的尺度（mm）

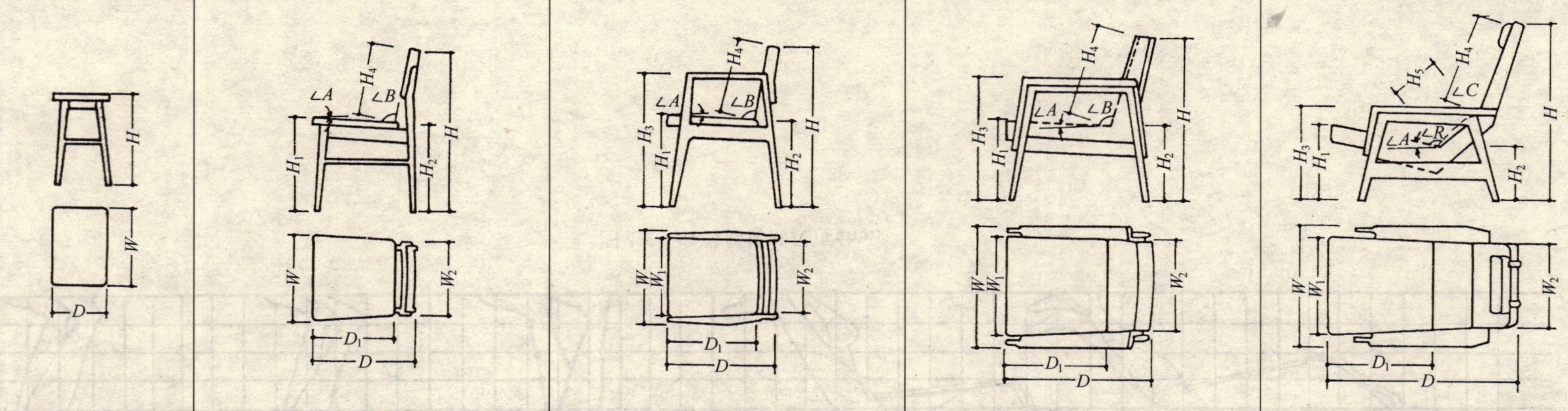

	凳	靠背椅			扶手椅			沙发			躺椅		
	一般 / 较小	较大	一般	较小	较大	一般	较小	较大	一般	较小	较大	一般	较小
H(mm)	440 / 420	820	800	790	820	800	790	900	820	780		800	
H_1(mm)		450	440	430	450	440	430	400	580	360		370	
H_2(mm)		425	415	405	425	415	405	350	530	310		250	
H_3(mm)					650	640	630	560	550	530		450	
H_4(mm)		400	390	390	400	390	390	600	510	490		520	
H_5(mm)												280	
W(mm)	340 / 300	450	435	420	560	540	530	730	720	700	800	760	730
W_1(mm)					480	460	450	560	550	530	580	550	530
W_2(mm)		420	405	390	450	450	420	500	510	490	540	520	500
D(mm)	265 / 280	545	525	520	560	555	540	790	770	750	970	950	930
D_1(mm)		440	420	415	450	435	425	560	520	500	520	500	480
$\angle A$		5°15′	3°20′	3°25′	3°12′	3°18′	3°22′	6°10′	6°18′	6°24′		14°	
$\angle B$		98°	97°	97°	100°	98°	97°	105°	105°	104°		129°	
$\angle C$												142°	

图 4-3 各类凳椅常用尺寸

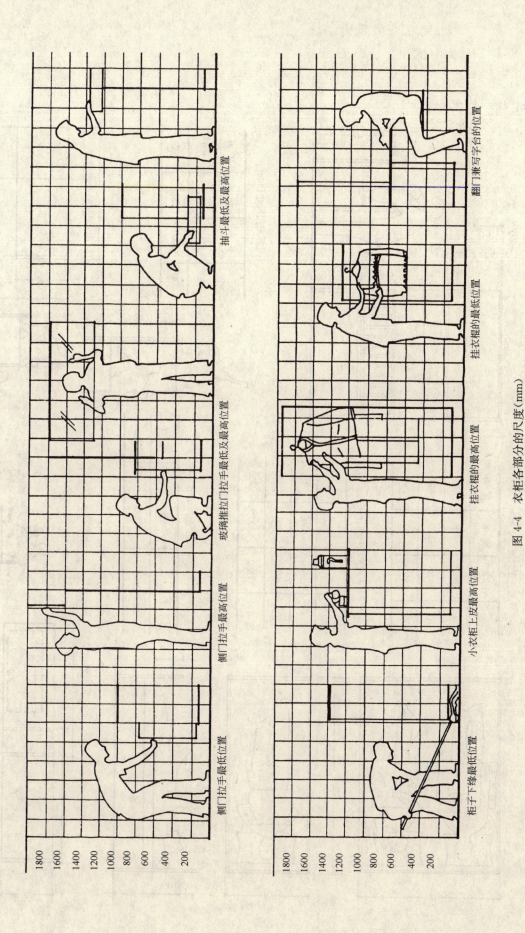

图 4-4 衣柜各部分的尺度(mm)

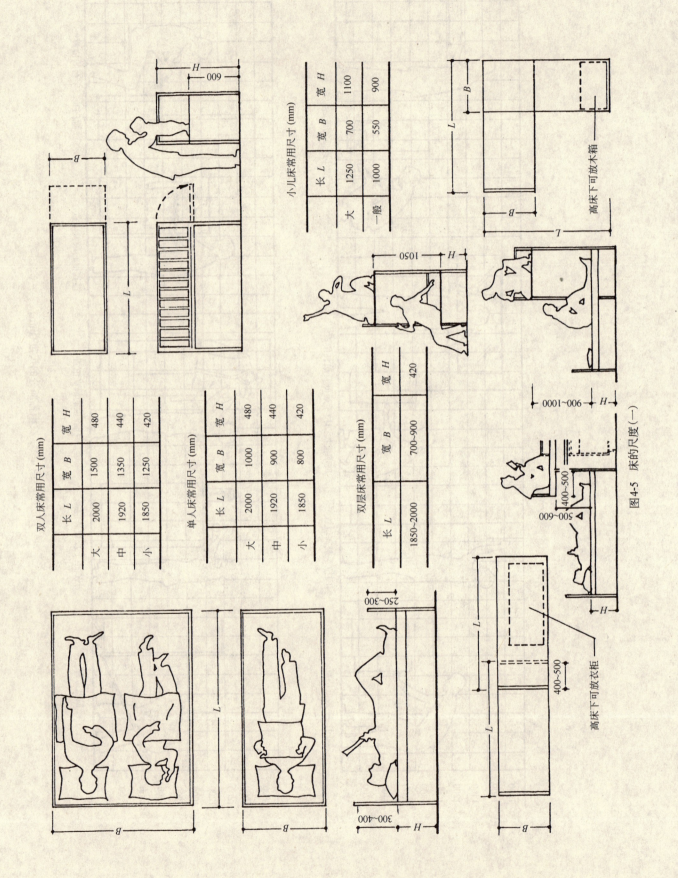

图4-5 床的尺度（一）

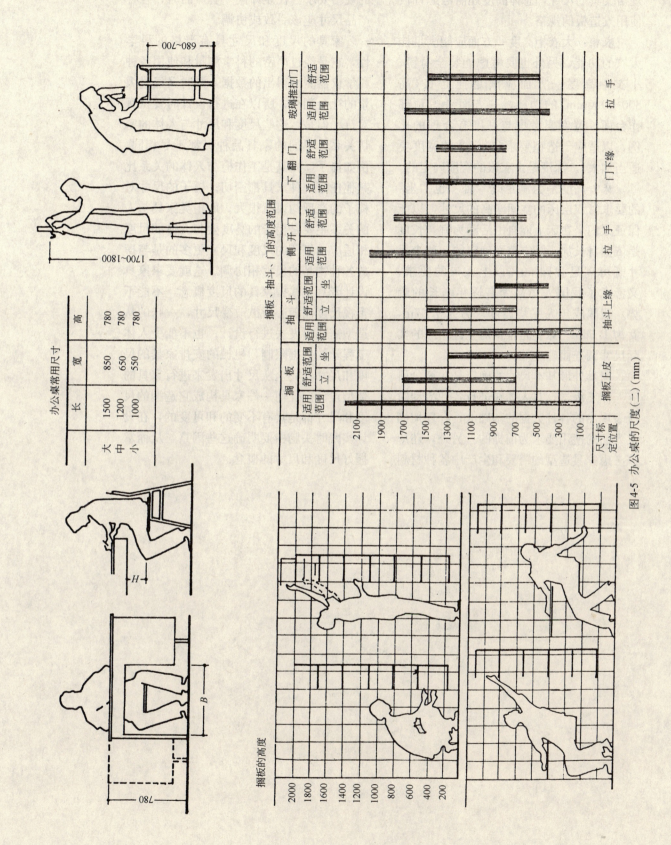

图4-5 办公桌的尺度(二)(mm)

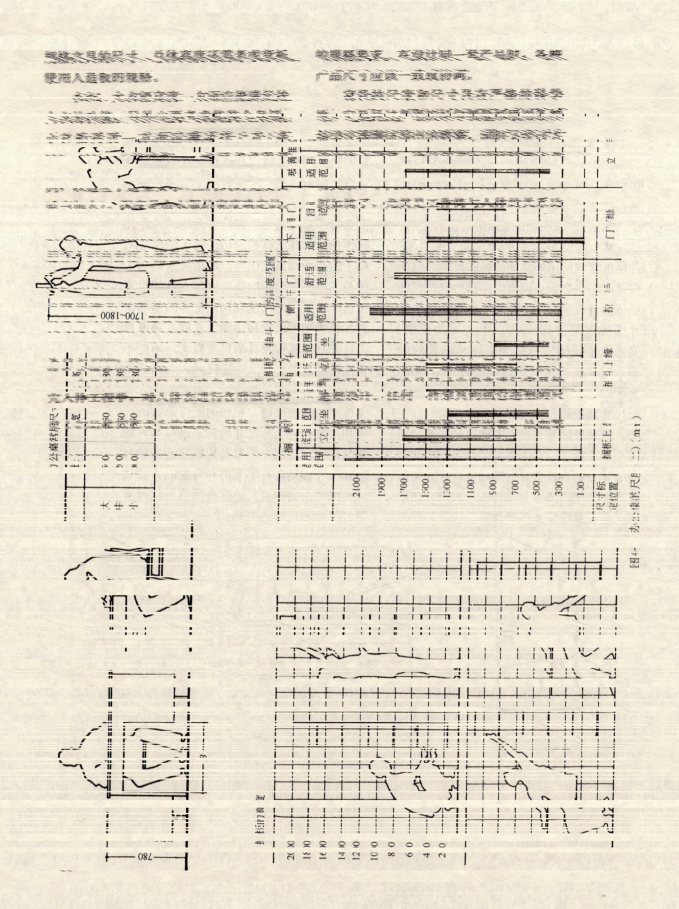

图4- 办公桌操作尺度（三）(mm)

第 5 章　家具造型的一般规律

5.1　设计的原则

家具在生产制作之前要进行设计，设计应该包含两个方面的含义，一是造型样式的设计；二是生产工艺流程的设计。造型样式是家具的外在形体的表现，生产工艺流程是实现家具的内在基础，两者都非常重要。所以，设计家具不但要满足人们工作、生活中的需要，而且要求产品质量要有可靠的保证。力求实用、美观、用料少、成本低，便于加工与维修。要达到上述要求，必须遵循以下原则：

1. 使用性强

设计的家具制品必须符合它的直接用途，任何一个品种的家具都有它使用的目的，或坐；或卧；或储；或放。每件家具都要满足使用上的要求，并具有坚固耐用的性能。

家具的尺度大小，必须满足人的使用功能的要求。例如，桌子的高度、椅子的高度以及床的长短都与人体尺寸和使用条件有关。不同种类的单件家具也要满足不同的使用要求，并且使用起来要非常方便，要能体现"物为人用"的思想。

2. 结构合理

家具的结构必须保证其形状稳定和具有足够的强度，适合生产加工。结构是否合理直接影响家具的品质和质量，家具设计是与工艺结构紧密结合的，结构的方式，制作的加工工艺都要适应目前的生产状况，零件和部件在加工安装、涂饰等工艺过程中，便于机械化生产。在一定意义上讲家具设计除造型之外，实际上是家具的结构设计、家具的工艺流程设计。

3. 节约资源

木材始终是制作家具的首选材料，木材的生产周期很长，在家具设计的过程中要有节省资源的意识。为了达到物美价廉的要求，设计的家具制品，首先，应便于机械化、自动化生产，尽量减少所耗工时，降低加工成本。另外，还要合理使用原材料，在不影响强度和美观的条件下，尽量节约材料，降低原料成本。因此，在设计中，零件的尺寸应与毛料或人造板的尺寸相适应，或成近似倍数关系。例如，不论抽屉宽度有多大，标准抽屉的深度不大于 470mm，考虑胶合板的使用方向，减去抽屉面厚度尺寸后的深度，以接近胶合板宽度(915mm)的 1/2 为宜，此时，既省工又省料。另外，在保证加工质量的前提下，尽量缩小加工余量。根据木材品种的质量，家具的外表面要用好材，内部零件可用次等材，以节省贵重木材的用量。从各方面降低家具的成本，节约原材料。

4. 造型美观

家具除了满足使用功能、结构合理、便于加工外，还要满足人们视觉上的审美要求。因此，要很好地将家具的功能要求、加工要求、节省材料、降低成本和美观几个方面的因素有机地结合起来，统筹考虑。北欧风格的家具朴实无华；突出天然的情趣；家具的造型简练实用、毫无矫揉造作之感，充分的洋溢出健康向上的美感。美观只是家具设计中需要考虑的一个方面，而不是设计的全部内容。所以，整个设计过程要在满足使用功能便于加工、省工省料的前提下，充分利用造型艺术手法，搞好家具设计。造型要朴素、明朗、大方。

5.2　家具造型的基本构成因素

家具主要是通过各种不同的形状、不

同的体量、不同质感和不同色彩等一系列视觉感受，取得造型设计的表现力。家具造型设计是指在设计中每个设计者依据自身对艺术的理解，运用造型的一般规律和方法，对家具的形态、质感、色彩和装饰等方面进行综合处理，塑造出完美的家具造型形象。这就需要我们了解和掌握好一些造型的基本构成概念、构成方法和构成特点，也就是造型设计基础，它包括点、线、面、体、色彩、质感和装饰等基本要素，并按一定法则构成美的立体形象。家具造型设计是属于艺术创作，是设计者对家具的艺术形象的主观看法的外在表现，是具有独特的个性的。这里就共性规律归纳为四个方面加以论述。

5.2.1 家具造型的形态

造型设计的形体主要是靠人们的视觉感受到的，而人们视感所接触到的东西总称为"形"，而形又具有各种不同的状态，如大小、方圆、厚薄、宽窄、高低等等，总的称之为"形态"。

作为造型要素，这里暂且将家具的材料、质感和色彩剥离开，来研究家具造型的形态因素。家具的造型是由抽象、概念的形态构成的，它和几何学一样，最基本的因素是点、线、面和体。

1. "点"

点是形态构成中最基本的——或是最小的构成单位。"点"一般理解为是圆形的，但三角形、星形及其他不规则的形状，只要它与对照物之比显得很小时，都可称为点。即使是立体的东西，在相对的条件下，是点的感觉的形体也可被视为点。如家具的各种不同形状的拉手，都表现为点的特征。点的形状和大小，是不能由其单独的形态决定的，它必须依附于具体形象，要和周围的场合、比例关系等相对意义上来评价它的不同特征。在图5-1中，同样大小的两个点，由于所放置的面（或空间）的不同，左图表现为"点"的形态特征，这是相对大圆而言，然而右图，把点放置在小面积矩形之中，就可以理解成为"面"的形态。

"点"的表现是多方面的，如在一个点的情况下，点是向心的，一点放在面或空间上，注意力就集中在这点上了，例如在大自然里，绿叶丛中的花朵，夜空间的明月，赋予人们鲜明的感染力。又如，在两个点的情况下，两点中产生一种眼睛看不见的（暗示）线，有着互相吸引的特征，注意力保持平衡，随着点的数量的增加，这种直线感觉更加强，当点有大小时，使人感觉到注意力则从大移向小，起着过渡和联系的作用。

家具造型设计中，可以借助于"点"的各种表现特征，加以适当的运用，同样能取得很好的表现效果。

2. 线

线是点移动的轨迹。根据点的大小，线在面上就有宽度，在空间就有粗细。线和面的区别与点的情况一样，是由相对关系决定的。线的形状主要可分为直线系和曲线系。线的表现特征主要随线型的长度、粗细、状态和运动的位置而有所不同，从而在人们的视觉心理上产生不同的感觉。如直线使人感到强劲、有力；垂直线有庄严向上、挺拔之感；水平、横向的直线有平稳、安定的感觉；弯曲的线形具有柔美、圆润的感觉。无论是刚劲有力的直线，还是柔和、优美的曲线都是构成家具不同风格造型的重要要素。家具中的立边、横撑等等一些零部件都属于线的范畴。依据不同家具造型设计的要求，以线型的特点为表现特征创造出家具造型的各种不同风格。

3. 面

面是由点的扩大、线的移动形成的，具有两度空间（长度和宽度）的特点。通过切断可以得到新的面，由于切的方法不同，可以得到各种形状的面（图5-2）。不

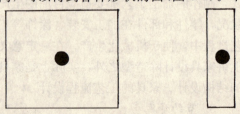

图5-1 点

同形状的面，具有不同的表现特征，给人的感觉也不同。正方形、正三角形、圆形等，具有确定性、规整性，由于它们的周边"比率"不变，具有确定性、规整性、构造单纯的特点，一般表现为稳定、安静、严肃和端庄的感觉；矩形、多边形是一种不确定的平面形，富于变化则使人感到丰富、活跃、轻快的感觉。弯曲的曲面一般给人以温和、柔软和动态感，它和平面同时运用会产生对比效果，是构成丰富的家具造型的重要手段。

图 5-2　面

在家具造型设计中，我们可以恰当运用各种不同形状的面、不同方向的面的组合，以构成不同风格、不同样式的家具造型。

4. 体

体是由点、线、面包围起来所构成的三度空间（具有高度、深度及宽度或长度）。所有体都是由面的移动和旋转或包围而占有一定的空间所形成的（图 5-3）。有各种不同形状的立方体，还有球体、圆柱体、圆锥体等。体的表现特征，主要是根据各种面的形态感觉来决定的，在家具的形体造型中又有实体和虚体之分。在家具设计中多为各种不同形状的立方体和几个立方体组合而成的复合立方体。此外，还可以利用光影的变化加强立体的感觉，丰富家具的造型。

体是设计、塑造家具造型最基本的手段之一，家具通常都是由一些基本的几何形体组合而成，如开放形的桌、椅和封闭形的橱柜。

在设计中掌握和运用立体形态的基本要素，以确定最能充分表现设计意图的造型，是非常重要的。

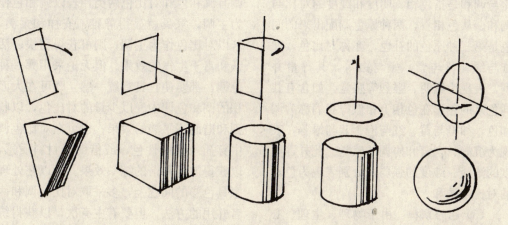

图 5-3　体

5.2.2 家具的色彩

色彩是造型的基本构成要素之一,在造型设计中,常运用色彩以取得赏心悦目的艺术表现力。色彩处理得好坏,常会对造型产生很大影响,所以学习和掌握色彩的基本规律,并在设计中加以恰当的运用,是十分必要的。

1. 色彩的基本知识

(1) 色相——是指各种色彩的像貌和名称。如红、橙、黄、绿、蓝、紫、黑、白及各种间色、复色等是不同的色相。所谓色相,主要是用来区分各种不同的色彩。

(2) 明度——也称亮度,即色彩的明暗程度。明度有两种含义,一是指色彩加黑或白之后产生的深浅变化,如红加黑则愈加愈暗、愈浓;加白或黄则愈来愈明亮;二是指色彩本身的明度,如白与黄明度高(色明快),紫明度则低(色暗淡),橙与红和绿与蓝介于两者之间。

(3) 纯度——也称彩度,是指色的鲜明程度,即色彩中色素的饱和程度的差别。原色和间色是标准纯色,色彩鲜明饱满,所以在纯度上亦称"正色"或"饱和色"。如加入白色,纯度减弱(成"未饱和色")而明度增强了(成为"明调");如加入黑色,纯度同样减弱,但明度也随之减弱,则为"暗调"。

(4) 色的感觉:色彩彼此相互影响而引起的变化,可以给人们以不同的视觉感受,主要表现在色彩对比、调和。所谓对比与调和是指色相、明度和纯度的对比与调和。从色相看,两种原色调配出来的间色是第三种原色的补色,亦称对比色,如红与绿、黄与紫、黑与白等,其等量并列,表现为鲜明、强烈等感觉。如含有共同色素的色彩在色相上相似,我们称为调和色,如橙与黄、红与橙、蓝与绿等,表现为沉静、含蓄和协调的感觉。此外,明度的浓淡、纯度的强弱,分别表现为色彩的对比与调和。

(5) 色的象征:由于物理、生理、心理等原因,大自然赋予人们一种色彩的视觉感受和联想,以表现各种不同的色彩感情。如对于红、黄、橙等色彩,常使人联想到太阳、火光等而给人感到温暖,就把这类色称为暖色(因为还具有膨胀和前伸感,所以亦称"进色");对蓝绿、蓝、蓝紫等色彩,使人联想到月亮、海水等,给人以冷的感觉,这类色就称为冷色(因为还具有后退收缩感,所以亦称"褪色");冷暖之间的色,称为中间色。在感情上暖色给人以兴奋、热烈和活泼感;冷色给人以幽静、深沉感;中间色则给人以安定、素雅和亲切感。除此,不同的色彩可以引起人们不同的心理感受,如红色表示喜庆、热情;蓝色表示庄严、素静;黄色表示尊贵;白色表示纯洁等。但也有相反的象征。总之,除了色彩本身的实际名称外,大多数用于色彩中被普遍接受的形容词,都带有强烈的感情含义,这说明色彩具有感情的表现力量。

2. 色彩在家具上的应用

色彩是表达家具造型美感的一种很重要的手段,如果运用恰当,常常起到丰富造型,突出功能的作用,并表达家具不同的气氛和性格。色彩在家具上的应用,主要包括两个方面:家具色彩的调配和家具造型上色彩的安排。具体表现在色调、色块和色光的运用。

(1) 色调:家具的设色,很重要的是要有主调(基本色调),也就是应该有色彩的整体感。通常多采取以一色为主,其他色辅之以突出主调的方法。常见的家具色调有调和色和对比色两类,若以调和色作为主调,家具就显得静雅、安祥和柔美,若以对比色作为主调,则可获得明快、活跃和富于生气的效果。但无论采用哪一种色调,都要使它具有统一感。既可在大面积的调和色调中配以少量的对比色,以收到和谐而不平淡的效果;也可在对比色调中穿插一些中性色,或借助于材料质感,以获得彼此和谐的统一效果。所以在处理家具色彩的问题上,多采取对比与调和两者并用的方法,但要有主有次,以获得统一中有变化,变化中求统一的整体效果。

在色调的具体运用上，主要是掌握好色彩的调配和色彩的配合。主要有下面三个方面：首先，要考虑色相的选择，色相的不同，所获得的色彩效果也就不同。这必须从家具的整体出发，结合功能、造型、环境进行适当选择。例如居住生活用的套装家具，多采用偏暖的浅色或中性色，以获明快、协调、雅静的效果。第二，在家具造型上进行色彩的调配，要注意掌握好明度的层次。若明度太相近，主次易含混、平淡。一般说来色彩的明度，以稍有间隔为好；但相隔太大则色彩容易失调，同一色相的不同明度，以相距三度为宜。在色彩的配合上，明度的大小还显示出不同的"重量感"，明度大的色彩显得轻快，明度小的色彩显得沉重。因此，在家具造型上，常用色彩的明度大小来求得家具造型的稳定与均衡。第三，在色彩的调配上，还要注意色彩的纯度关系。除特殊功能的家具（如儿童家具或小面积点缀）用饱和色外，一般用色，宜改变其纯度，降低鲜明感，选用较沉稳的"明调"或"暗调"，以达到不刺目，不火气的色彩效果。所以在配色时，对色彩的纯度要把握住一定的比例，使家具能表现出色调倾向。

（2）色块：家具的色彩运用与处理，还常通过色块组合方法构成，所谓色块，就是家具色彩中一定形状与大小的色彩分布面，显然，它与面积有一定关系，同一色彩如面积大小不同，给人的感觉就不相同，如当面积小的红、绿色交织在一起，远看时便觉得红、绿混而为一，接近于灰；而面积大的红、绿色块，则能给人以强烈对比的印象。所以家具在色块组合上需要注意以下四点：第一，一般用色时，必须注意面积的大小，面积小时，色的纯度可较高，使其醒目突出；面积大时，色的纯度则可适当降低，避免过于强烈。第二，除色块面积大小之外，色的形状和纯度也应该有所不同，使它们之间既有大有小，有主有衬而富有变化。否则，彼此相当，就会出现刺激而呆板的不良效果。第三、色块的位置分布对色彩的艺术效果也有很大影响，如当两对比色相比邻时，对比就强烈；如两色中间隔有中性色，则对比效果就有所减弱。第四，在家具中，任何色彩的色块不应孤立出现，需要同类色（或明度相似）色块与之呼应，不同对比色块要相互交织布置，以形成相互穿插的生动布局，但须注意色块间的相互位置应当均衡，勿使一种色彩过于集中而失去均衡感。

（3）色光：色彩在家具上的应用，还须考虑色光问题，即结合环境、光照情况。如处于朝北向的室内，由于自然光线的照射，气氛显得偏冷，此时室内环境多近于暖色调，家具的色彩就可运用红褐色，金黄色来配合；如环境处于朝南向，在自然光照射下，显得偏暖，这时室内多近偏冷色调，家具的颜色可使用浅黄褐或淡红褐色相配合，以取得家具色彩与室内环境相协调统一。除此，在日光下，色彩的冷暖还会给人一种进退感，如同样的家具，在自然光照射下，暖色调的家具比冷色调的家具显得突出，体量也显很大些，而冷色调则有收缩感，因此在家具造型上，有时就运用了这种色彩的进退表现特征，如家具常通过运用浅色、偏冷色的艺术处理，来获得心理上较大的空间感。

家具的设色，不仅与日光和环境配合，而且也要与各种使用材料的质感相配合。因为各种不同材料，如木、织物、金属、竹藤、玻璃、塑料等所表现的粗、细、光、毛等质感，由于受光和反光的程度不同，反过来也都会相互影响色彩上的冷、暖、深、浅。现代家具十分讲究运用木材的自然本色，以它质朴的材料质感，赢得了很好的艺术效果。

色彩在家具的具体应用上，决不可脱离实际，孤立地追求其色彩效果，而应从家具的使用功能、造型特点和材料、工艺等条件全面地综合考虑，给予恰当地运用。

5.2.3 家具的质感

在家具的美观效果上，质感的处理和

运用也是很重要的手段之一。所谓质感是指表面质地的感觉（触觉和视觉），例如材面的粗密、硬软、光泽等等，每种材料都有它特有的质地，给人们以不同的感觉，如金属的硬、冷、重；木材的韧、温、软；玻璃的晶莹剔透等等。家具材料的质地感，可以从两方面来把握，一是材料本身所具有的天然性质感；二是对材料施以不同加工处理所显示的质感。

前者如木材、金属、竹藤、柳条、玻璃、塑料等等，由于质感差异，可以获得各种不同的家具表现特征。木制家具由于其材质具有美丽的自然纹理、质韧、富弹性，给人以亲切、温暖的材质感觉，显示出一种雅静的表现力。而金属家具则以其光泽、冷静而凝重的材质，更多的表现出一种工业化的现代感。至于竹、藤、柳家具则在不同程度的手感中给人以柔和的质朴感，充分的展现来自大自然的淳朴美感。

后者是指在同一种材料上，运用不同的加工处理，可以得到不同的艺术效果。如对木材进行不同的切削加工，可以获得不同的纹理组织，对金属施以不同的表面处理，如镀铬、烤漆等，效果也各不相同；再如竹藤的不同编织法，表达了不同的美感效果。这一切，都对家具的造型产生直接影响。

在家具设计中，除了应用同种材料外，还可以运用几种不同的材料，相互配合，以产生不同质地的对比效果，有助于家具造型表现力的丰富与生动。但要注意获取优美的质感效果，不在于多种材料的堆积，而在于体察材料质地美的鉴赏力上，精于选择适当而得体的材料，贵在材料的合理配置与质感的和谐运用。

5.2.4 家具的装饰

装饰是家具微细处理的重要组成部分，是在大的形体确定之后，进一步完善和弥补由于使用功能与造型之间的矛盾，为家具造型带来的不足，所以，家具的装饰是家具造型设计中的一个重要手段。一件造型完美的家具，单凭形态、色彩、质感和构图等的处理是不够的，必须在善于利用材料本身表现力的基础上，以恰到好处的装饰手法，着重于细部的微妙设计，力求达到简洁而不简陋，朴素又不贫乏的审美效果。

家具的装饰手法大体上有下列三个方面：

1. 木材纹理结构的装饰性

善于利用材料的纹理结构来进行家具的装饰处理，是一种颇具技巧素养的艺术效果。木材的纹理结构，是木材切面上呈现出深浅不同的木纹组织。它是由许多细小的棕眼排列组成的，并通过年轮、髓线等的交错组织，形成千变万化的纹理。由于各种不同树种纹理的成因各异，有粗细、疏密、斜直、均匀与不均匀等的差别，木材的表面常出现旋形、绞形、浪形、绉形、瘤形、斑点形、鳞片形、鸟眼形、银光形和葡萄形等等的纹理（图5-4）。也有时是因为加工的切割方法不同而形成不同形状的纹理。如径切多产生带状花纹，纹理通直疏密较匀；弦切多产生波状花纹，纹理疏密相间，变化万千；旋切可产生连续花纹，纹理活泼多样。从树种来看，一般软材纹理较平淡，硬材纹理丰富多彩。除此，在具有交错纹理构造的树包或树瘤木材中，也可以得到很漂亮的花纹（如核桃木、色木、桦木等）。因此，木材的纹理结构，具有一种自然风韵的装饰美。在家具设计中，经常把它作为丰富家具材面装饰质感的重要表现手法。

此外，还可以利用各种自然纹理的单板（俗称木贴皮）进行花样拼贴，根据胶贴部位的具体要求，选配好适当的单板，按纹理的形状、大小、方向、位置和色彩作不同的排列拼接，胶贴于板材表面，形成千变万化的花形装饰图案——拼花。它既节约了贵重木材，又增强了家具装饰艺术的感染力。在具体处理方法上，其形式是多种多样的：可用同一形状的纹理作连续排列；也可将同一纹理倒置而组成对称拼花，还可按十字形、菱形、正方形、人字形、席纹形和放射形等组成连续、对称

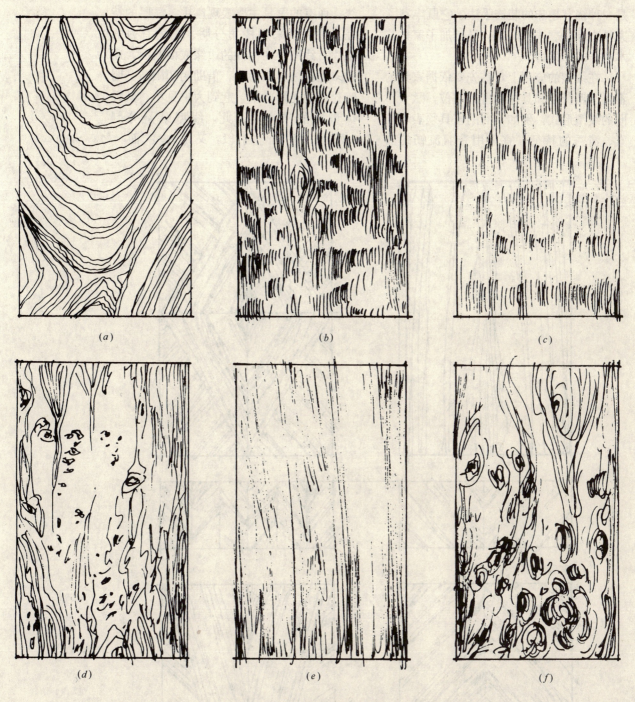

图 5-4 木材纹理结构的装饰性(一)
(a)旋形；(b)绉形；(c)鳞片形；(d)鸟眼形；(e)银光形；(f)葡萄形

或扇形等拼花形式(图 5-5)。

总之，拼花装饰图案的变化是无穷无尽的。不管采用哪种花式拼贴，都要十分注意纹理拼接的完整性和色泽配置的和谐性。这样的拼花装饰，以它的艺术性和实用性浑然一体，成为整套家具所特有的装饰形式，给人以一种美的感受。此外，家具上也常利用金属、大理石、玻璃和塑料等材料的质感、纹理和光泽特性，加以恰当的装饰处理，形成独特的装饰艺术风格，以获得很好的艺术表现效果。

2. 线型的装饰处理

善于运用优美的线型对家具的整体结构或个别构件进行有意味的艺术加工，也是一种饶有趣味的装饰手法。它既丰富了家具边缘轮廓线的韵味,又增加了家具艺术特征的感染力。

在线型的应用上,首先要依据家具的不同造型特征和具体构件的部位,赋予不同的线型形式。例如,有的家具须表现朴素、清秀的特征,宜采用秀丽流畅的曲线;而有的家具主要表现庄重、浑厚的特征,则更多采用棱角分明、刚劲有力的粗、直线型。在构件的边缘或横断面,通常多施以纵、横槽线,借助阴凹阳凸、明暗衬托的光影效果,起到大中见小,减轻体量感的作用。因此,线型既是分割"面"的一种处理手段,又是改变"面"

图 5-5　木材纹理结构的装饰性(二)

的一种装饰手法，使家具的造型更具艺术感染力。而且，线型还常结合家具的构造，通过对家具某一局部的装饰处理，来达到一定的艺术效果。如用不同的装饰线型，在家具脚型和视线易于停留的部位进行装饰，起到了装饰美化的作用。装饰线型的形式是多种多样的，变化又极为丰富。我国传统家具中，就有许多富有象征意义的自然形象的装饰纹样，如回纹、云纹、卷草、海棠、如意、竹节和各种动、植物图案装饰，它比几何线型更富于变化，使装饰栩栩如生，以唤起人们的美好联想，增强了家具的艺术深度。这些都可以作为我们的装饰素材的借鉴。

总之，家具的线型装饰处理必须层次分明、疏密适宜、繁简得体，有助于烘托家具的造型。讲究线型的简洁含蓄，刚柔兼备，以获取简练中见丰富，质朴中寓精美的和谐效果。我国优秀的明式家具，就十分强调运用简洁线型装饰，表现出简朴中见浑厚，挺拔中求圆润的独特风格。

3. 五金配件的装饰性

家具用五金配件，包括拉手、锁、合页、连接件、碰头、插销、套脚、滚轮等等。尽管这些配件的形状或体量很小，然而却是家具使用上必不可少的装置，同时又起着重要的装饰作用，为家具的美观点缀出灵巧别致的奇趣效果，有的甚至起到了画龙点睛的装饰作用。五金配件的微细设计，也可视为自成一体的创作。因此，造型设计的某些基本法则，如统一、变化、比例、均衡、色彩等方面，也同样适应于五金配件的微细处理。但它又不是单独存在的，它的形状、大小、长短甚至色泽的处理，是不能脱离家具的整体而孤立地去考虑。例如，具有某种风格式样的拉手，即使从单独的角度看来还很不错，但安装在家具上或分列若干组装置于抽屉柜上，很可能会因某种因素的影响，觉得不是那么成功，或在线与面的处理上产生不协调的现象。所以，五金配件的微细设计和选用，应该从家具的整体造型形象出发，具有烘托和加强艺术效果的作用。

在家具的装饰处理手法上，我们还可以运用雕刻、镶嵌、烙花、车木和胶粘各种象征纹样的装饰品。这些装饰处理手法只要运用适度、恰当处理，都可以使家具获得很好的装饰艺术效果。最后必须指出，不论运用何种装饰手法，要注意避免装饰过分的问题，不要一味以为繁就是好，简就是差，我们要做的应该是"以精取胜"，而不是"以繁取胜"。同时更要注意装饰与实用的结合，要在符合家具功能和结构的基础上进行造型设计。

5.3 家具设计的造型形式法则

家具的造型和工艺结构在我国具有悠久的历史，历代劳动人民在长期劳动生产实践中，积累了丰富的经验。古代的家具中以明代最为突出，它的特点是体型流畅，装饰大方，造型端庄，在选料和工艺结构上十分严谨。造型的形成除一部分自然因素（自然因素是指家具在使用时的自然基本形）更多的体现了设计师的设计观念。但是，这个审美意识具有群体性、民族性和地域性，因而，在一定意义上它也具有社会性。因而造型设计也具有一定的规律的，也是有章可循的。家具造型设计形式法则是前人经过长期的艺术设计实践总结出来的。而每位艺术家又按着自身的体验和爱好去运用，所以才有每个艺术家的各自艺术风格。

家具设计所遵循基本形式法则有如下几点：

1. 变化与统一：变化与统一是适用于任何艺术表现的一个普遍法则。在艺术造型中从变化中求统一，统一中求变化，力求变化与统一得到完美的结合，使设计的作品表现得丰富多彩，是家具造型设计中贯穿一切的基本准则。很多表现方法如对比与一致、韵律等都是取得统一变化的重要手段。

所谓"变化"，即在一件家具的造型上，表现为大与小的对比，横与竖的对比，虚与实的对比，材料质感粗与细的对比，色彩明与暗的对比等。通过这些因素的对比变化，使家具显得生动、活泼、富于生气。

所谓"统一"，就是在一定的条件下，把各个变化的因素有机地统一在一个整体之中。具体地说就是创造出共性的东西，如统一的材料、统一的线条、统一的装饰等等，使家具更富于规律、严谨、整齐和安定(图5-6)。过分强调统一而缺少变化，就会使人感到贫乏、单调、呆板，但过分强调了变化而缺少统一，又会导致杂乱无章、支离破碎。所以，要正确地处理好变化与统一的关系，从而达到朴素、明朗、大方，既生动、活泼又整齐、安定的效果(图5-7)。

在造型设计中统一与变化常常表现在对比与一致、韵律等方面，它们也是求得统一与变化的手段，具体分述如下。

（1）对比与一致：对比与一致是运用造型设计中某一因素（例如体量、色彩、材料质感等）中两种程度不同的差异，取得不同的装饰效果的表现形式。差异程度显著的表现称为对比，差异消失趋于一致的表现称为一致。对比的结果是彼此作用、互相衬托，更加鲜明地突出各自的特

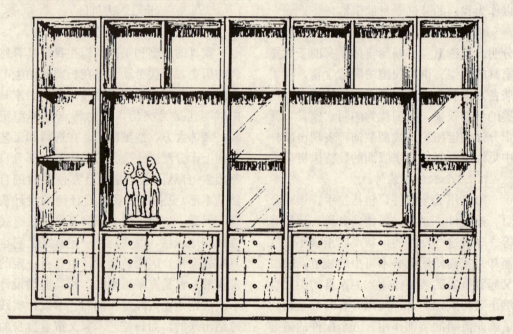

图 5-6　家具设计的造型形式（一）

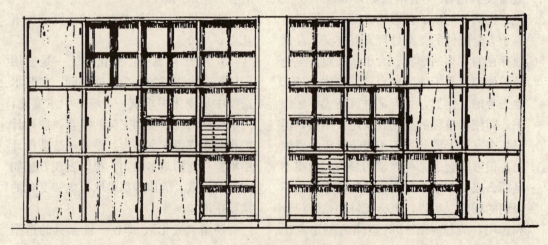

图 5-7　家具设计的造型形式（二）

点。一致的结果是彼此和谐互相联系，产生完整一致的效果。对比与一致是取得变化与统一的重要手段。

对比与一致只存在于同一性质的差异之间，体量的大小、线条的曲直、材料质感的粗糙与光滑等。不同性质的差异，如体量的大小与线条的曲直之间，材料质感的粗糙与光滑和物体形状之间都不存在对比或一致的关系。

1）大、小的对比与一致：在家具造型设计中常常运用面积大小的对比与一致的手段达到装饰的效果。如中开门的大衣柜，以两侧较小的门衬托中间较大的门（柜门）以取得变化的效果，并且突出了重

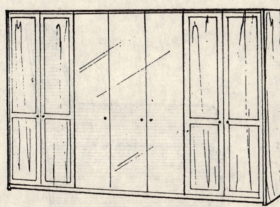

图 5-8　中开门大衣柜

点（如图 5-8）。偏开门的大衣柜（如图 5-9），左边是一个小门和三个抽屉，右边是一个大门，满足了多种使用功能的要求。在前立面的划分上，采用了对比的手法，大面与小面、横面与竖面的对比，取得了变化丰富的效果。图 5-10 是一个多宝阁柜，上面是虚的大小形状各不相同的空间，用以陈列文物和工艺品，下面是实的大小形状完全一致的两扇门。上面采用了对比的手法，下面采用了一致的手法，使得整体既富于变化，又具有统一的特点。上虚下实，虽上面的体量大，下面的体量小，但仍不觉得头重脚轻。

2）形状的对比与一致：在家具造型设计中，离不开线、面、体和空间，而且常具有各种不同的形状。直线、平面、长方体是家具造型中最常采用的基本形状。弧线、曲线、圆等，在家具造型上也常常采用。但在家具造型中主要以长方体、平面和直线为主，以弧线、曲线和圆为辅。在以长方体、平面、直线构成的体型上，运用弧线、曲线、圆来破一破方形，能取得较为活泼和丰富多彩的效果。如图 5-11 是个小衣柜，运用圆形的拉手，弧形的撑子，打破了光面长方体给人的单调感觉，起到了活跃、丰富、变化的作用。

3）方向的对比与一致：在成套家具或单件家具的前立面的划分上，常常运用垂直和水平方向的对比来丰富家具的造型。如图 5-12 是一个单门五斗柜，右侧的大门是垂直方向的，左侧的五

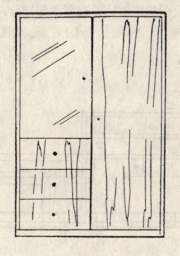

图 5-9　偏开门的大衣柜

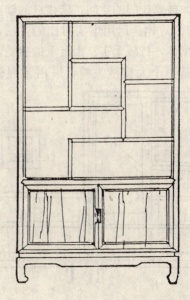

图 5-10　多宝阁柜

图 5-11 小衣柜

图 5-12 单门五斗柜

个抽屉是水平方向的,由于横向与竖向的对比,丰富了柜子的立面,因此,虽然是一个简单的长方体,但并不使人感到单调。图 5-13 是一套家庭用的家具,在造型上运用了方向对比的方法。大衣柜是竖向的,床和写字台是横向的,造成空间组合上的丰富变化,但又选用了同样高度的腿,以及某些同样高度的面和线(如大衣柜左边的第一和第二个抽屉之间的撑子,茶具柜桌面、写字台的桌面及床架子的高完全一致,都在同一个水平线上),将变化丰富的体型统一了起来,这就是"一致"的作用。既富于变化又不觉得零乱,取得了一套家具的成组感觉。

4) 虚实的对比与一致:家具造型中的虚实,常常是指实板与空洞(指腿部的空间,玻璃拉门的空间,床栏杆的镂空部分等)的对比。运用虚实对比的方法,能丰富型体,打破太实、太沉重的感觉,图 5-14 是一个大型沙发椅,采用了强调实

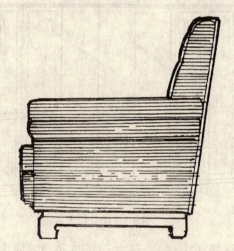

图 5-14 大型沙发椅

的方法,给人以沉着、端庄、气魄大的感受。图 5-15 则是一个扶手沙发椅,在腿部采用框架结构,强调了虚的部分,收到变化丰富、开朗轻巧的效果。从图 5-14

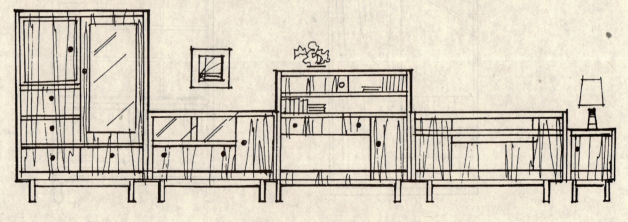

图 5-13 家庭用的家具

和图 5-15 中可以看到，虚与实在具体运用中，是采用"对比"的方法，还是"一致"的方法，会产生截然不同的两种效果。

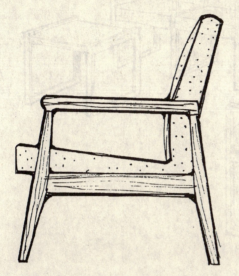

图 5-15　扶手沙发椅

5) 质地的对比与一致：家具制作的材料，一般以木材为主，其他材料有金属、玻璃、塑料、纺织品等，不同的材料、质地常常给人以不同的感觉。在家具造型设计中便可以利用不同材料的质感所产生的对比，丰富家具的艺术造型，取得美观的效果。图 5-16 是一个钢管的扶手沙发椅，运用了电镀的钢管与纺织品质地的光滑与粗糙的对比的方法。

6) 光影的对比与一致：凹凸不平的面，在光线的作用下就会产生出光影的变化。在家具造型设计中常常可以通过对"立面"起伏变化的处理，求得光影对比变化，以丰富立面的形象。

以上从 6 个方面分别说明了"对比与一致"在求得"变化与统一"方面的作用。当然不能只限于这 6 个方面，还有如色彩、体量等方面的对比与一致。一件家具的造型设计有时不止运用一种手法，而是几种手法同时运用。但过多的运用"对比"或"一致"手法，又会造成不协调的后果，所以这些方法要在具体设计中灵活运用，贵在运用得恰如其分和恰到好处，从而达到变化与统一的艺术效果。

（2）韵律：人们在和自然作斗争的过程中，认识到自然界有许多事物和现象是有组织地重复变化的。例如在水中投下一个石子，就会出现一圈一圈不断起伏的波纹，有规律地从中心向四周扩展出去。其它如麦穗、花朵、枝叶的形态等等也都是有条理地反复出现和有规律地重复变化的。这种有规律的重复，常常对减少体力能耗，增加工作效率起到一定作用，并且能产生一种美感。于是人们就有意识地在生活中加以模仿和运用。如以连续的图案装饰服装、器皿，以及在打夯、摇船等劳动中配合重复的动作，唱出有节奏的夯歌和号子等等。这种诗歌、音乐中的节奏和图案纹样中的连续和重复，都是韵律的表现。

条理与反复是产生图案的基本组织原则。

韵律便是这种条理与反复基本组织原则的艺术表现形式之一，也是求得变化与统一的手段之一，如图 5-17 是一套带有韵律感的组合休息椅。

家具的品种不同和家具本身的结构形式是产生韵律感的重要条件。家具的种类较多，特别是成套家具，由于每件家具的不同用途，无论从高度还是体型上都是有差异的，这就为产生韵律感提供了条件（如图 5-13）。因此，要求我们掌握"韵律"这一形式法则的规律，在满足功能要求、结构要求的同时，应该有意识、有目

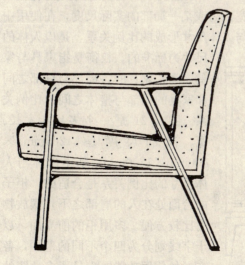

图 5-16　钢管扶手沙发椅

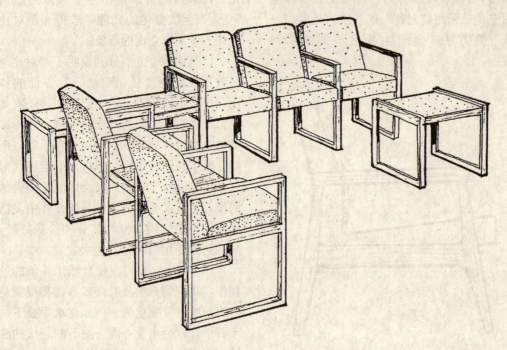

图 5-17　组合休息椅

的地去组织它，创造出完美的家具造型来。

2. 均齐与平衡：自然界静止的物体都是遵循力学的原则，以平衡安定的形态而存在的。家具的造型也要符合于人们在日常生活中形成的平衡安定的概念。均齐与平衡的形式法则是动力与重心两者矛盾的统一所产生的形态，均齐与平衡的形式美，通常是以等形等量或等量不等形的状态，依中轴或依支点出现的形式。

图 5-18 是一个茶具柜，前立面的划分采取了依中线构成的均齐形式，中线不露而含蓄。

图 5-19 是一个分解了的高低柜，左边是竖长的立方体，右边则是扁矮的立方体。在这里就形成用竖长高起的体量与扁矮的体量构成平衡式的构图，取得了比较好的艺术效果。

均齐与平衡是家具造型设计中必须要掌握的基本技法之一，无论从单件家具的形体处理、前立面划分，还是成组家具的造型设计，都离不开均齐与平衡这一形式法则（图 5-20）。

3. 比例与权衡：比例是指家具的长、宽、高或某一局部的实际尺度，在使用中与人体尺寸形成的比例关系，是以人体的尺寸为标准的。权衡是指家具与家具之间、家具的各局部与局部之间和家具的局部与整体之间的比例关系。图 5-21 是一个多用柜，长、宽、高的尺度是 1200mm×400mm×1200mm，基本形体与人体尺寸的比例关系是合适的，柜子的台面处在人的肩部之下，摆放物品比较方便。多用柜的前立面，以十字线划分为四个不同的范围，各有各的使用功能，满足了多功能的

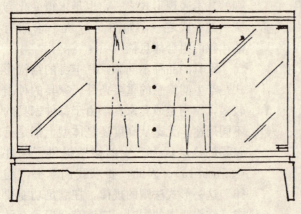

图 5-18　茶具柜

使用要求。从整体构图上讲，各部分之间的比例关系，权衡得也很好。可以设想，如果将十字线的任何一条，上下左右移动一下都会改变这四部分之间的比例关系，图5-22就是将十字的横线往上提，从而破坏了这四个部分之间的比例关系。这就要求处理好"比例与权衡"的关系，既要使用方便，又要达到视觉上美观的效果。

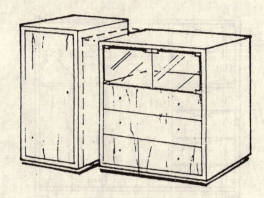

图 5-19　高低柜

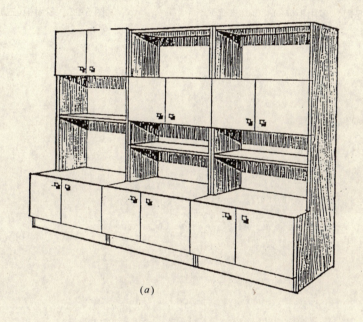

(a)

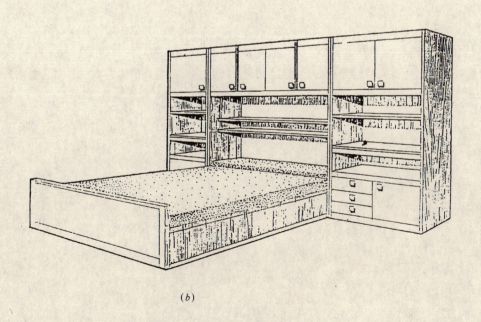

(b)

图 5-20　组合家具

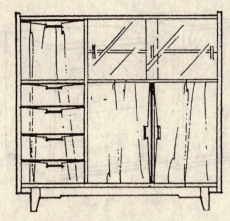
图 5-21 多用柜(一)

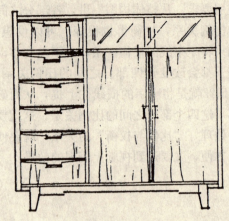
图 5-22 多用柜(二)

第6章 家具设计的方法与步骤

6.1 如何思考问题

在动手进行设计之前首先理一理头脑中的构思想法，一些有关设计方面的一些原则问题和相关的技术问题是否搞清楚了。

影响家具设计的要素有以下三个方面：第一、家具的使用功能。任何一件家具的存在都具有特定的功能要求，即所谓使用功能。使用功能是家具的灵魂和生命，它是进行家具造型设计的前提。使用功能又包含两个方面的内容，一是满足和解决人们日常活动和生活中使用上的需求，是物质方面的要求。二是满足人们对家具在美化环境、创造优美空间的重要作用的审美需求，这是精神上的要求。第二、物质技术条件。物质技术条件包括三个方面的内容。一是制作家具所选用的主要材料；二是构成家具的主要结构与构造；三是对这些材料与结构进行加工时的加工工艺。这些是形成家具的物质技术基础。第三、家具造型的美学规律和形式法则。家具既是实用品又具有艺术品的特征，家具通常是以具体的造型形象呈现在人们面前的，在某种特定的时候家具就是一件纯粹的、地地道道的艺术品。

由于家具的使用性、实用性，以及每一件家具的特殊使用要求，从而使得构成家具的造型形式和尺度诸多因素分解或归纳为两部分，即不变性和可变性这两个部分。例如，供人们睡眠、休息用的床具，主要由床垫、床架和床头板这几部分组成的，其中床垫中的床面高度和床面长、宽所形成的幅面，是床的主要使用部分，我们通常把这部分称之为床的本质，而具有不变性。至于床垫的材料、床垫的颜色、床架的材料、床架的样式、床头板的造型、床头板的尺度和大小等等影响这个床具造型形象的各种因素都具有可变性。其他任何一件家具都是如此，只是有的家具不变性多一些，有的家具可变性多一些而已。究竟哪些家具的不变性因素多一些或少一些？这其中也是有一定的规律的，即决定于这件家具品种与人体的关系，可以用和人体的亲疏来说明。譬如说用于办公使用的靠背椅，它的不变性最多，相对的可变性则最少。椅子的座面和靠背是座椅主要使用的部分，座面的长宽和它所处的高度，是由于人的大腿的长度、小腿的长度、臀部的宽度所决定的，靠背的幅面大小和它的高度也是由人体的尺度决定的，即所谓高了不行，矮了不行，长了不行，短了不行，宽了不行，窄了不行，深了不行，浅了不行。不变性的因素多了，在进行造型设计时所受到的约束、限制就增多，从而增加了造型设计的难度。柜类的家具，主要功能是储藏、摆放日常生活中使用的各种物品的。它与人的关系只是它的高度、以及各个部分的高度，以便于取放。因而它的不变性因素最少，可变性因素最多，柜类家具的造型形式变化也就最多，相对讲在进行柜类家具设计时由于所受的约束少就比较容易一些，造型变化就多一些。由此我们也可以看出柜类家具的尺度与人体的关系只是它的高度问题，而它的体量、它的形体尺度则与房间、建筑的尺度关系密切。因而，也可以称与建筑关系密切的柜类家具为建筑系家具，与人体关系密切的椅类家具为人体系家具。

在分析和搞清楚决定家具造型形式因素的不变性与可变性后，针对这些因素的特点进行不同的处理。基本的原则是：不变性因素要慎重对待，注重它的科学性，因为它直接影响家具的舒适性和方便性，在不可变的因素中，尽量找到可变的可能性，以满足造型形象的变化以适应整体家具造型设计的要求。在可变性因素中则要充分利用可变的条件，发挥每个设计者的自身的特长和丰富的想象力，使得家具的设计造型具有美感和个性。

6.2 确定设计定位

所谓设计定位是指综合了设计的使用功能、主要用材、主要结构、基本尺度和大体造型风格而形成的设计方向。在动手设计和勾草图之前首先要在头脑中弄清楚设计定位中的几个问题，这就是设计构思的开始。构思的过程是不断的调整这些设计因素的相互关系，使之具体化，逐步接近设计的要求。在构思的过程中逐渐深化，也必然会修正事先确定的设计定位时的一些因素，在苦思冥想和借鉴其他艺术因素的过程中不时会碰撞出奇思妙想的闪光点，设计者就要善于抓住好的构思想法，并审视它与设计定位的关系与差距，使之不要与设计定位偏离太远，否则就脱离了设计要求。这就是设计定位在设计过程中的重要作用。设计定位是否明确，实际上是检验我们设计的准备工作是否做得充分，思想是否明确了。这是设计构思、考虑问题的前提，由此而去搜集设计方面的资料；去设想未来家具的造型样式；去确定家具的体量和尺度等等。这里所说的设计定位是否明确，是指理论上的、总的要求，更多的是原则性的、方向性的，甚至是抽象性的。不要把它误认为是家具造型具体形象的确定。它只是具有在整个家具设计过程中把握住设计方向的作用。设计定位既然是着手进行造型设计的前提和基础，所以要先确定。但在实际的工作中设计定位也在不断的变化，这种变化是设计进程中设计构思深化的结果；是与甲方就设计问题探讨、磋商、磨合的结果。这种变化是基于对有关设计因素的逐渐了解和认识，来调整设计定位，使设计定位更准确、更符合设计的要求。切记思想上不要僵化，而要随着设计的深入适时的调整设计定位。设计定位是一种设计方法、是一种设计思维方式，不是死的教条。它是随着我们设计能力、设计水平的不断提高，会逐渐自然而然溶入设计思维和设计方法之中，由必然走向自然。

6.3 设计的步骤与方法

家具作为人类生活中不可缺少的用具，虽然有相当长的历史，但是在我国，家具设计作为一门学问，它的历史还是很短的。过去，家具生产一直属于手工业生产方式，生产与设计是交融在一起的。手工业产品是以边设计边生产的方式进行的，生产者就是设计者，或者生产者按照现有的家具成品照原样制作。当然，不能说没有设计，只是没有形成一套完整的设计体系。到了工业化时代，大工业的生产方式，使得家具的生产制作，不是少数几个人就可以完成的，而需经过多道工序，甚至多种专业的配合，并以现代化生产流程的方式完成。由此看来，家具设计是建立在工业化生产方式的基础上，综合功能、材料、经济和美学诸方面要求，以图纸形式表示的设想和意图。这样，正确的思维方式、科学的程序和工作方法就是非常重要的。有了明确的设计意图和设计要求，便要着手进行设计。设计的过程和程序如下。

6.3.1 绘制方案草图

方案草图是设计者对设计要求理解之后设计构思的形象表现，是捕捉设计者头脑中涌现出的设计构思形象的最好方法。设计者绘制了大量的草图，经过比较、综合、反复推敲，就可以优选出较好的方案。绘制草图的过程，就是构思方案的过程。草图一般用徒手画成。因为徒手画得快，不受工具的限制，可以随心所欲、自然流畅，充分地将头脑中的构思，迅速地表达出来。正投影法的三视图和透视效果的立体图均可。对于比例、结构的要求虽

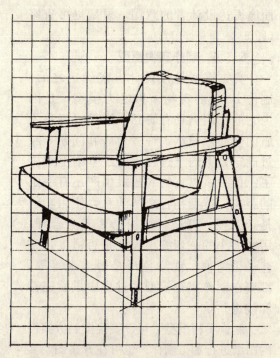

图 6-1 绘制方案草图

不很严格,但也要注意,否则与实际的尺度出入过大,就失去了意义。可以在有比例的坐标纸(见图 6-1)上覆以半透明的拷贝纸进行。具体画法因人而异,选择自己习惯的方法即可。

6.3.2 搜集设计资料

以草图形式固定下来的设计构思,是个初步的原型,工艺、材料、结构甚至成本等,都是设计中要解决的问题。因此要广泛收集各种有关的参考资料,包括各地家具设计经验、中外家具发展动态与信息、工艺技术资料、市场动态等,进行整理、分析与研究综合。这是设计顺利进行的坚实基础。

6.3.3 绘制三视图和透视效果图

这个阶段是进一步将构思的草图和搜集的设计资料融为一体,使之进一步具体化的过程。三视图,即按比例以正投影法绘制的正立面图、侧立面图和俯视图。三视图应解决的问题是:首先,家具造型的形象按照比例绘出,要能看出它的体型、状态,以便进一步解决造型上的不足与矛盾。第二,要能反映主要的结构关系。第三,家具各部分所使用的材料要明确。在此基础上绘制出的透视效果图,则能显示出所设计的家具更加真实与生动(图 6-2)。

6.3.4 模型制作

虽然三视图和透视效果图已经将设计意图充分地表达出来了,但是,三视图和透视效果图都是纸面上的图形,而且是以一定的视点和方向绘制的,这就难免会存在不全面和假象。因而,在设计的过程中,使用简单的材料和加工手段,按照一定的比例(通常是 1:10 或 1:5),制作出模型是很必要的。这里的模型,是设计过程中的一部分,是研究设计、推敲造型比例、确定结构方式和材料的选择与搭配的一种手段。所以无需花过多的时间制作得过于精细,只要能反映出造型、结构就可以了。模型具有立体、真实的效果,从多视点观察、审视家具的造型,找出不足和问题,以便进一步加以解决、完善设计。结构方式和用材,也可以通过模型反映出是否合理、恰当,以待进一步改进。这时制作的模型,既可以作为设计者进一步推敲、肯定设计之用,又可以用来征求别人对设计的意见。作为设计研究性质的

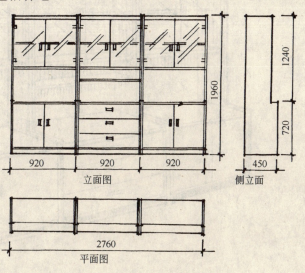

图 6-2 绘制三视图和远视效果图

模型，制作的目的要明确，在满足要求的前提下，愈简单、愈快就愈好，只要能说明某一方面的问题就可以了。经过模型制作阶段，将设计中的不足加以改进，改进后的结果、方案，再落到三视图上，这个设计方案便逐渐趋于成熟。模型的比例要视家具的情况而定，制作方法和使用材料则可多种多样（图6-3）。制作好的模型，可以从不同的角度拍成照片，使其更具有真实感。

6.3.5 完成方案设计

由构思开始直到完成设计模型，经过反复研究与讨论，不断修正，才能获得较为完善的设计方案。设计者对于设计要求的理解、选用的材料、结构方式以及在此基础上形成的造型形式，它们之间矛盾的协调、处理、解决，设计者艺术观点的体现等等，最后都要通过设计方案的确定而全面地得到反映。设计方案应包括如下几方面的内容：（1）以家具制图方法表现出来的三视图、剖视图、局部详图和透视效果图。（2）设计的文字说明。（3）模型。以此向委托者征求对设计的意见。设计方案的数量，可视具体要求而定。如果只有图纸和文字说明，足以满足要求，能够较全面地表达设计者的意图，模型也可省略（图6-4）。

6.3.6 制作实物模型

实物模型是在设计方案确定之后，制作1∶1的实物。称之为模型，是因为它的作用仍具有研究、推敲、解决矛盾的性质。诚然，许多矛盾和问题，经过确定方案的全过程，已经基本上解决了。但是，离实物和成批生产还有一定的距离。造型是否全然满意，使用功能是否方便、舒适，结构是否完全合理，用料大小的一切细小尺寸是否适度，工艺是否简便，油漆色泽是否美观等等，都要在制作实物模型的过程中最后完善和改进。

制作实物模型，可以直接按照方案图的图纸进行加工制作。也可在方案图与实物模型之间增加一个环节，就是绘制比例为1∶1的足尺大样图。1∶1的足尺图样，是实物的足尺尺寸和具体的结构方式，因而，也就成为在动手制作实物之前，进一步加工、确定设计的过程，有利于实物模型制作后的效果。足尺大样图是以三视图的方式绘制的，三视图可分开来用三张纸画，也可重叠在一起以红、蓝、

图6-3 模型制作

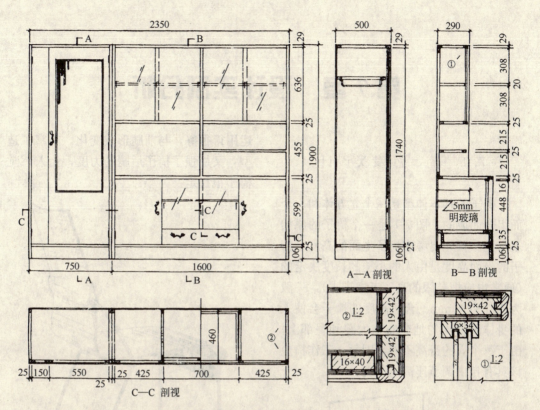

图 6-4 设计方案示例

黑三种颜色区别三种视图的方法画(图 6-5)。

如果制作出来的实物模型比较完美,没有什么要修改的,则实物模型便成为产品的样品了(如有问题就需修改重做)。产品的样品是设计的终点,样品就具备了批量生产成品的一切条件。它是绘制施工图、编制材料表、制定加工工序的依据,也是进行质量检查、确定生产成本的依据。总之,是生产的依据。

6.3.7 绘制施工图

施工图是家具生产的重要依据。是按照原轻工业部部颁家具制图的标准绘制的。它包括总装配图、零部件图、加工要求、材料等等。施工图是按照产品的样品绘制的,以图纸的方式固定下来,以保证产品与样品的一致性和产品的质量。

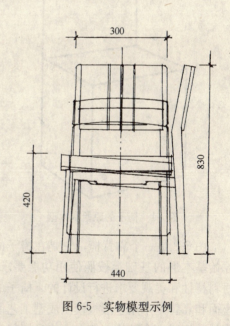

图 6-5 实物模型示例

第7章 设计实例分析

7.1 椅、沙发类设计

椅子的基本体型是一个立方体和一个面组合而成的。图7-1是一个椅子的原始基本型。首先要考虑椅子坐面的高度,椅子的坐面高度是由人的小腿的长度决定的(通常也应把鞋跟的高度考虑进去),一般为420~440mm。合适高度的椅子会使人的身体重量均匀地分布在大腿和臀部上。由于每个人的身高不同,因而,工作椅应该具有自由调节座高的装置。

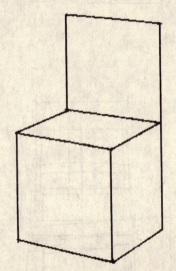

图7-1 椅子的原始基本型

图7-2是一个靠背椅,它是在椅子的原始基本形的基础上按照使用功能要求、材料特性和美观要求进行设计的。椅子的座面和靠背是采用多层板模压成型工艺制作的,连成一个整体,符合人体坐姿状态时的尺寸、角度和曲线的要求。座面前宽后窄富于变化。支撑座面和靠背的椅腿采用了金属材料,金属线形(椅腿)与木质板式(座面、靠背)形成了材料和造型形态的变化和对比。两种材料巧妙的穿插结构增加了椅子造型的趣味性。椅子后腿的弧度运用得很好,与前腿形成变化,丰富了造型,又加强了椅子后腿的力度,让人感觉椅子很稳定。

图7-2 靠背椅

图7-3是一个三个椅腿支撑的具有挂衣架造型靠背的椅子,增加了挂衣的功能,由此丰富了家具的造型,且具有一定的趣味性。从功能上分析,人使用椅子是为了承载人体,因此,椅子的座面和靠背是最主要的两个部件,而椅子的腿是使座面抬高到离地420mm,并保持椅子的稳定性。在满足上述功能要求的前提下,可以采用不同的造型形式和不同的材料。这个椅子的靠背则选用了挂衣架的形式,后腿采用单腿以便突出挂衣架的造型特点。形成了独具特点的一把靠背椅。

每一件家具都有可变和不可变的因素,在进行家具设计的时候,要把握住不可变的就要不去变它,可变的就要利用造型的手段和选用不同的材料进行变化。对于椅子来讲座面的大小和离地的高度是不

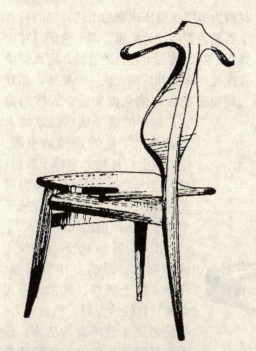

图 7-3 衣架椅

腿与扶手和扶手与靠背的连接,都采用了 90°直角的转折形式,符合了整体方正的造型特点。这两个部分既有各自的造型特点,又你中有我,我中有你,共处于一个完整的造型整体之中。

图 7-5 是一个高靠背转椅。转椅一般为工作椅,椅子的旋转性可以大大增加方便性。可以调节椅子的座高和靠背的角度。档次高一点的椅子可以提高靠背的高度,并增加扶手和靠头(支撑头部)。多采用金属结构,以体现现代感和时代性。

能变的,靠背与座面的角度是不能变的。其他的因素则可以进行变化。

图 7-4 是一个扶手椅,造型上采用了方与圆的对比的处理手法,使得这件扶手椅显得既端庄又富于变化,造型简洁明确,有鲜明的个性特点。整体造型可分解成两部分,一部分是座面与后腿,采用方正的造型,但在座面的前端采用了与靠背的圆形相呼应的半圆的造型。另一部分是前腿、扶手和靠背,采用了圆柱造型,前

图 7-5 高靠背转椅

图 7-6 是一个休闲沙发椅。造型上采

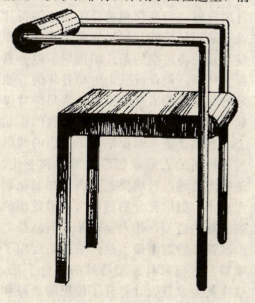

图 7-4 扶手椅

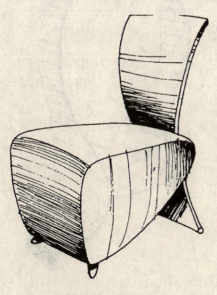

图 7-6 休闲沙发椅

取了厚重的坐面与轻、薄和弯曲的靠背组合，形成强烈的对比，给人一种意想不到的视觉形象，以满足追求个性和标新立异心理需求。

图 7-7 是一个钢琴椅。整体造型采用

图 7-7　钢琴椅

了三角钢琴的形态巧妙的运用到座椅的设计上，使得这件家具打破了习惯的几何形体的造型形式，给这件座椅赋予了一种生命和情趣，成为了房间里非常好的一件装饰艺术品。这件座椅的设计构思是来源于钢琴的造型和意味。

图 7-8 是一件名为"情侣"的座椅。

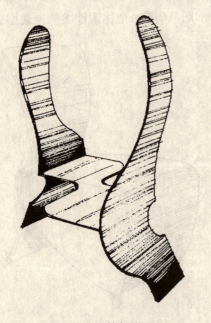

图 7-8　情侣椅

材料为多层板模压成型的工艺，它的特点主要是造型的设计构思。两个椅子面对面连在一起，省去了各自的前腿、座面交错式连接，靠背和后腿连成一个整体，靠背与座面形成一定的角度和适合人体的曲线，靠背的造型选用抽象的人形，点到了这件座椅的主题。这件座椅设计构思来源于联想，将人与人之间的情感转换为可见的椅子的造型形式，给椅子增添了人间的情感成分。

图 7-9 属于办公环境中使用的沙发椅，造型上比较规整、庄重，富于理性、气派。采用金属管材的沙发腿，挺拔有力，稳定的支撑着厚重的坐面、扶手和靠背，并且用金属管把沙发围合起来，形成了不同质感的材料的变化，恰到好处的解决了过于厚重和单调的感觉。

图 7-10 是一个玻璃茶几。茶几需要有距离地面一定高度的一定面积的面，供摆放茶具和各种物品使用，茶几是配合沙发和其他座椅使用。具有一定高度和一定面积的面是不变的因素，而支撑这个面的茶几腿，只要满足了稳定支撑住茶几面就可以了，至于用什么材料和什么样的造型形式，就可以依据设计的构思进行变化和选择了。这件茶几没有采用呆板的几何形体的茶几腿，而是巧妙的将可变的茶几腿选用了以金属板为材料，设计成三个生动各异的、抽象的、运动的人形的组合，共同举臂撑起茶几面板，给人一种很有生气的、动态的感觉。茶几面板采用了规正的圆形与不规则的人形雕塑形成对比和变化，透明无色的白玻璃使茶几面更加弱化和无有化，更加充分的展示出人形雕塑的茶几腿的造型，让人坐在茶几前品茶之余欣赏美妙的雕塑。这件茶几是运用了雕塑艺术与家具造型巧妙的结合手法，这样就为家具设计打开了构思的思路和途径。

图 7-9　金属腿沙发椅

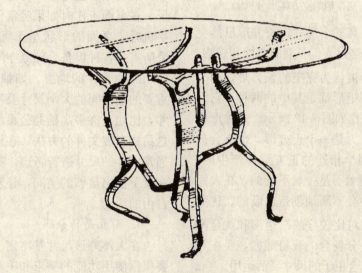

图 7-10　人形玻璃茶几

7.2　桌、柜类设计

桌柜类的体形基本一致，大多是长立方体，在造型规律上也是一样的。它们的品种比较多，大体有大衣柜、小衣柜、书柜、多用柜、食品柜、办公桌、餐桌、会议桌等等。进行设计时要首先明确它的使用要求，然后着手设计，使美观和用途很好地结合起来。

在进行此类家具的造型设计时，首先要了解几何形的基本概念：正方形、正三角形、圆形为具有"肯定外形"的形。就是说，形体周边的"比率"和位置不能加以任何改变，只能按比例地放大或缩小，不然就会失去此种形的特性。例如正方形，无论形状的大小如何，它们的周边比率永远等于1，周边所成角度永远是90°；圆形则无论大小如何，它们的圆周率永远是3.1416；正三角形也具有类似的情况。因此，正方形、正三角形、圆形具有肯定的外形。这种形给人们的印象深刻，但易产生呆板的感觉。

长方形是一种具有"不肯定外形"的形。它的周边可以有种种不同的比率，由于周边比率的变化，可产生出无数个长方形。因此，长方形富于变化，在设计中多被采用。

桌柜类的体形比较完整，呈长方体形，具有三个方向的尺度，但基本上是由两个面决定的，如图7-11中甲、乙两个面，包

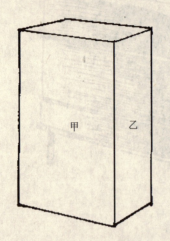

图7-11　桌、柜的立方体形分析图

含了长、宽、高三个尺寸。长方形虽然变化无穷，但是经过人们长期的实践和观察，探索出了若干被认为完美的长方形，如√2矩形和黄金率矩形就是其中的两种。它们的长、短边之比如图7-12所示。这种形状既不会被误认为是一个正方形，也不会被误认为是由两个相连的正方形而产生的。人们的比例观念不是一成不变的，在人们的生产实践中会不断地创造出新的、优美的比例。所以对比较好的√2矩形和黄金率矩形，不能不分场合的盲目照搬，要在具体的设计中结合柜子的尺寸灵活运用。

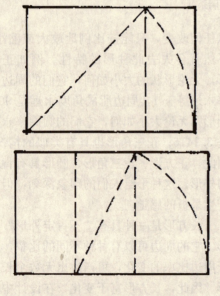

图7-12　桌、柜展开图

工作台的设计主要考虑两个方面的内容，一是台面，二是储藏物品的空间。台面是工作台主要使用的部分，台面的设计要考虑如下三个因素：桌面的大小、桌面的高度、桌面的形状。桌面的大小是由工作的性质和工作时使用桌面积多少决定的。除特殊用途外，一般的尺寸为：大的1400mm/750mm，小的 1300mm/650mm 桌面的高度很重要，因为它直接影响工作的舒适程度和工作效率。桌面的高度一般为 750～780mm，如果使用键盘可再低一些。大部分人在工作时桌面应比肘臂稍高。桌面的高度应与座椅的高度相配合。桌面的形状通常为矩形，这是由人的两支手臂活动范围决定的，有时也做成略带弧形。在桌面工作时如果经常使用电脑或打字机时，桌面的形状呈L形以便摆放办公所需的各种设备。储藏空间是指存放办公用品和文件的地方。如抽屉、柜厨等。重要的是空间的大小尺寸要符合文件的尺寸，比如，许多高档办公桌的文件柜采用悬吊式存放文件的方法，在设计时就应按通常文件的尺寸进行考虑。办公桌一定要在桌下留出足够的空间，让双腿和双脚能自由的活动。

1. 前立面的分隔

在大体外形尺寸基本定下来以后，就要根据使用功能的要求和美观的要求，将整体划分成若干局部，要依据图案的形式法则进行划分。求得完美统一的整体效果。

图7-13是一个小衣柜，采取了中线分隔、一个大的竖面与三个小的横面对比，成为较好的均衡的形式。

图7-14是一个多用柜，右面的大柜门内可以挂衣服，左面的屉可叠放衣服及杂物，玻璃门内可放零星物品。从使用上讲，力求满足多种用途，使用功能与形式划分较好地结合起来。平衡式处理得很好，虽然整个外形的长与宽的比例近似正方形，但是由于内部的划分取得了均衡的效果，所以显得既刻板而又灵活。

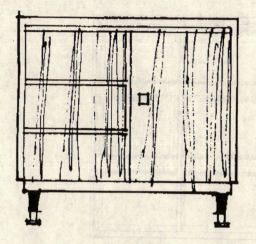
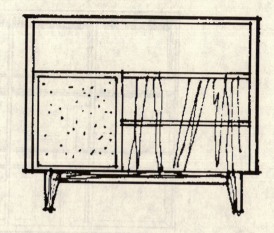

图 7-13 小衣柜

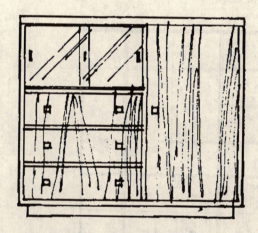

图 7-14 多用柜形式(一)

图 7-15 多用柜形式(二)

图 7-15 中的上图是平衡形式中,变化适当,取得灵活完整效果的图例;下图则变化过多,显得比较杂乱。

图 7-16 是平衡形式中一般变化规律的例子。

图 7-17 为书柜,每个书格的形状完全一样,给人一种安定、平稳的感觉。只是在横向的书格的间距上加宽,以此增加书柜在造型上的变化。

图 7-18 的书柜前立面的划分比较丰富,富于变化,给人一种活跃,富于朝气的感觉。采用了玻璃门与实木抽屉面材料的对比,也有没有门的空格,呈现虚的空间,并与实的抽屉形成虚实对比,这些手法丰富了书柜的造型。

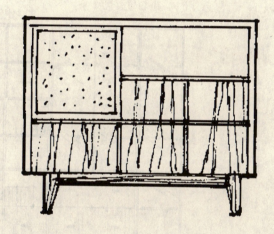
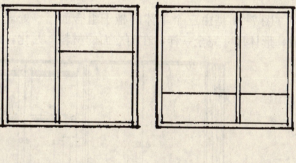
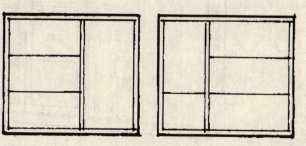

图 7-16 多用柜形式(三)

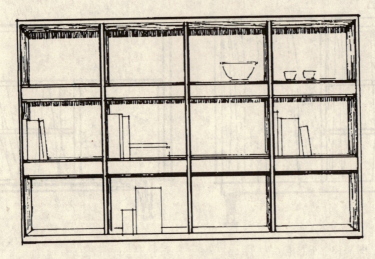

图 7-17　书柜前立面划分

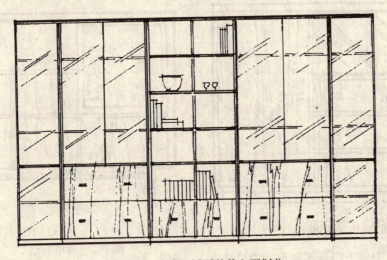

图 7-18　丰富、活跃的前立面划分

图 7-19 是由三个单体的柜子组合而成，形体尺寸完全一样，在前立面的材料处理上不同，透明的玻璃门和实木门的变化，改变了单——种门的样式的单调感。

图 7-19　柜门形式的变化

图7-20是一组多用柜，采取高低错落的前立面构图形式，再加上不同材料的柜门，增加了造型的美观。

图7-21运用阶梯式的造型处理的手法，结合横向与竖向的对比变化进行柜子的前立面的造型。

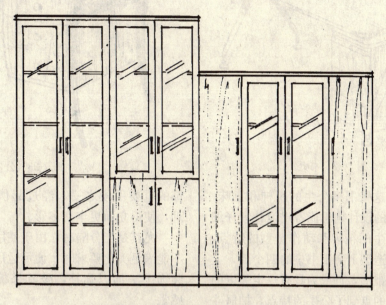

图7-20　高低错落的多用柜

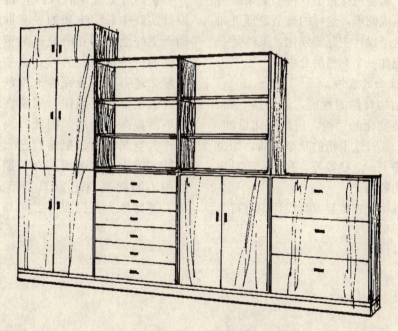

图7-21　多用组合柜

图7-22是一张书桌，木质的桌面、抽屉柜和铝合金腿架两种不同材质的结合，发挥了各自材质的长处和优点，突出了现代感和时代性。

图7-23是一张书桌，设计者取名为"公牛之桌"。对于书桌来讲，人们使用它是为了学习和工作，因而需要具有一定高度和一定幅面的桌面，以及一定空间的抽屉和储藏柜。具有一定高度和面积的桌面是属于不变的因素，具有一定空间的抽屉和储藏柜则可以与桌子连在一起，也可以分离。这张取名为公牛之桌的书桌，保持了不变的桌面，将桌腿、抽屉斗和桌面的两头的造型进行了变化和造型处理，形成了具有很强张力、力度和动感的家具造型，有一种运动中的斗牛的强有力的感

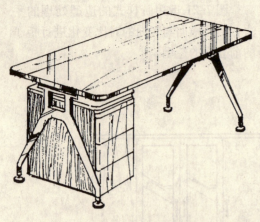

图 7-22 书桌

图 7-23 公牛之桌

觉,赋予了这张书桌公牛的精神和意味。从这件书桌的设计构思能看出设计者仔细的观察了公牛的精神和动作造型的特点,在家具设计造型上突出书桌的四个腿,上粗下细的圆锥形,且成为具有一定弧度的造型,巧妙的点到了公牛的特点,抽屉斗也随着这个弧度进行造型,再加上桌面两头向下卷曲成圆形,这样的造型处理更加强了公牛这个设计主题的强化,虽然是一张书桌,宛如一个奔腾的公牛。

2. 前立面的装饰

结合结构材料的性能,运用线、面、光影、凹凸变化的手段,达到美化目的,称为装饰。线,这里指的是窄的面,如边框、抽屉撑子、立柱等等,在与大面对比之下呈线的效果。

起伏变化处理也是家具设计中进行装饰的重要手段之一,经过起伏变化的处理,使得立面更丰富多彩。

尤其是当分隔时,由于使用要求所限不能满足美化要求时,便可运用前立面的装饰手法加以弥补,破其呆板、单调的感觉。

家具造型设计的规律,是在长期的设计实践中总结出来的。掌握了它,有助于更好地探索和研究家具造型设计中碰到的一些难题。另外,这些造型设计的规律还不能十分完善地反映家具造型设计的全部客观规律,需要在设计实践中不断提高和发展。因此,决不能把它们作为空洞的教条束缚自己,一定要在设计实践中灵活运用,在长期的设计实践中不断提高自己家具造型设计的能力,更好地为人民服务。

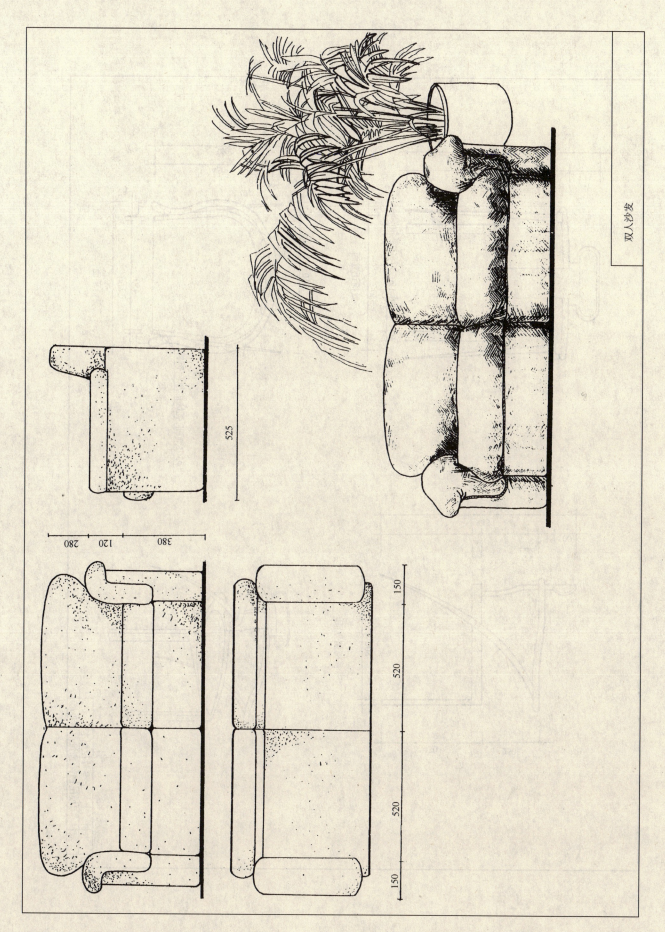

双人沙发

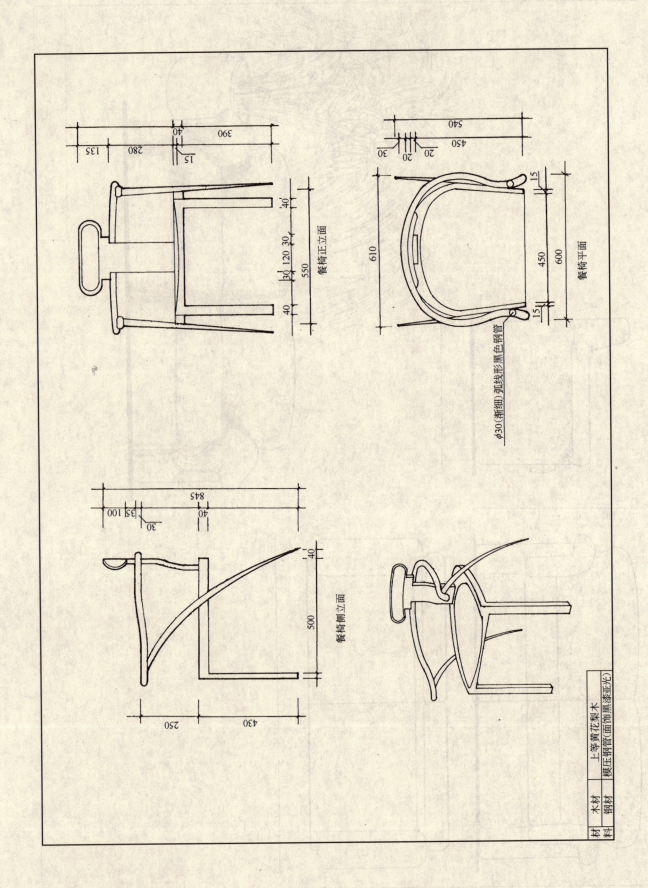

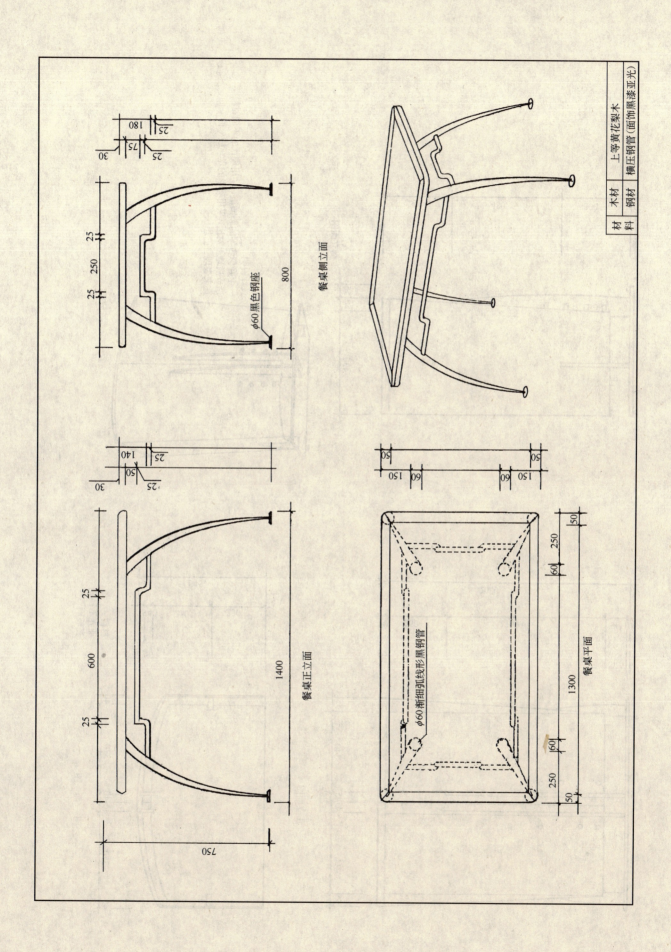

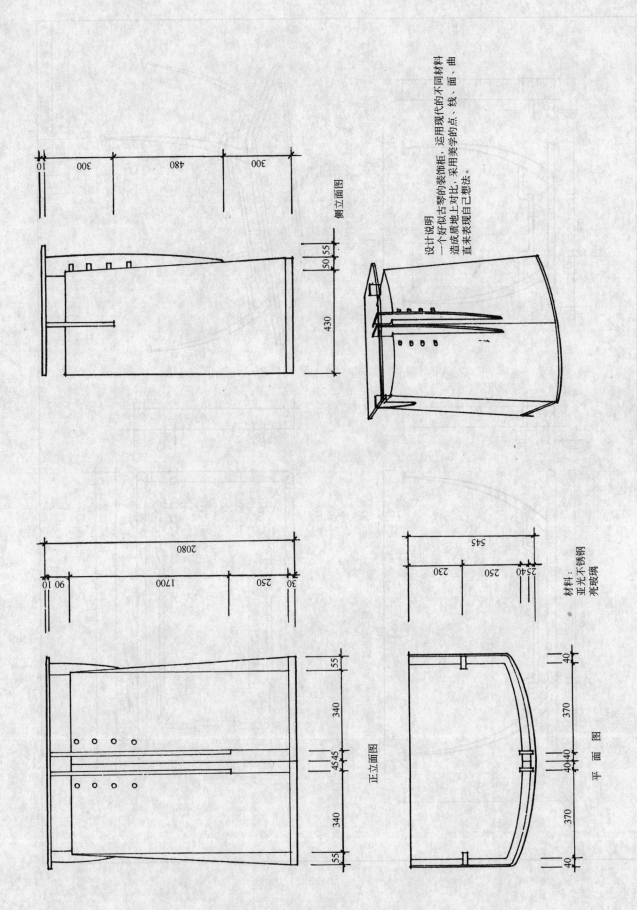

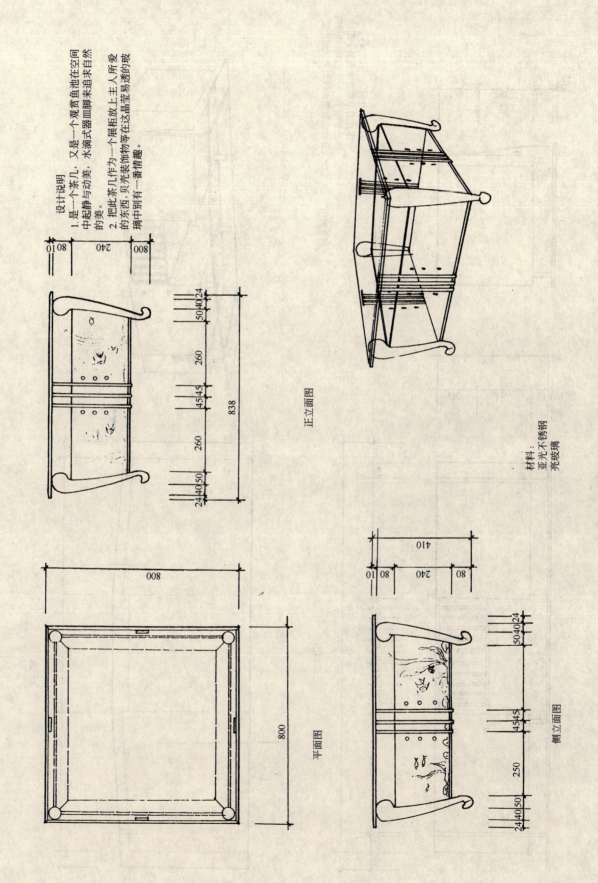

设计说明

1. 是一个茶几，又是一个观赏鱼池在空间中起静与动美，水滴式器皿脚来追求自然的美。

2. 把此茶几作为一个展柜放上主人所爱的东西，贝壳装饰物等在这晶莹易透的玻璃中别有一番情趣。

正立面图

平面图

侧立面图

材料：
亚光不锈钢
亮玻璃

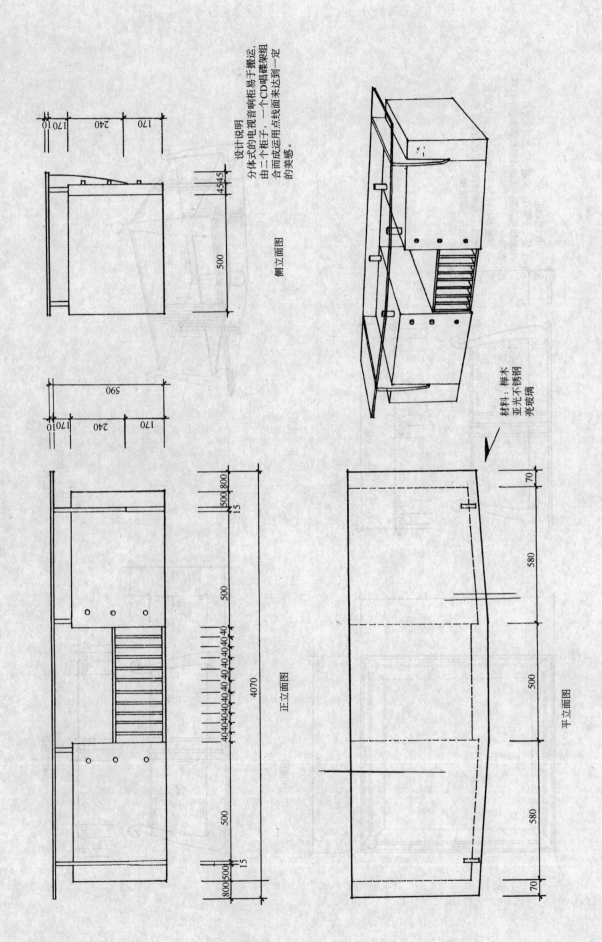

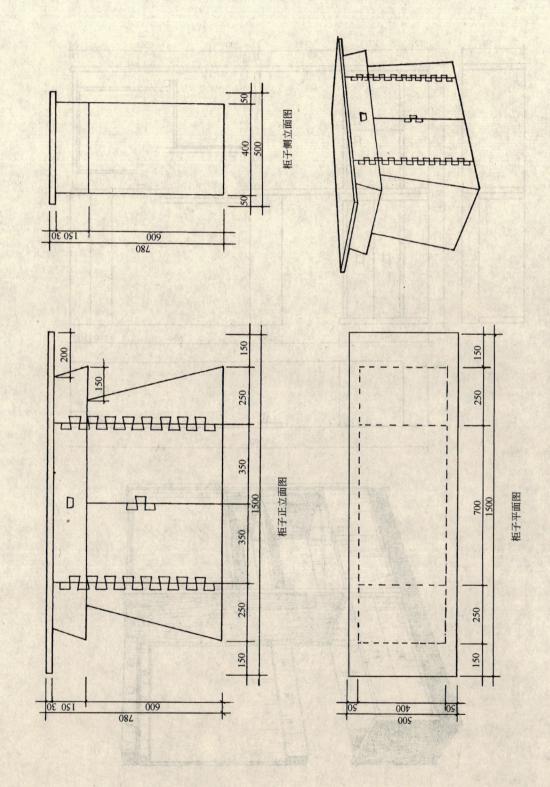

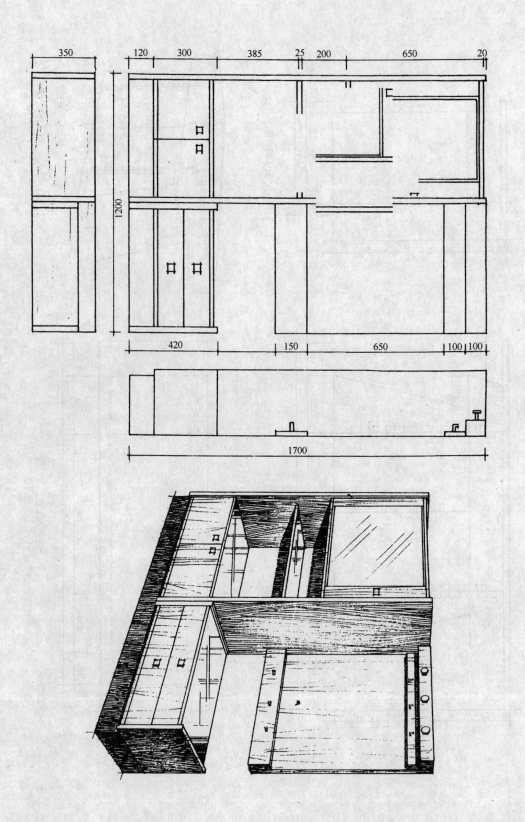

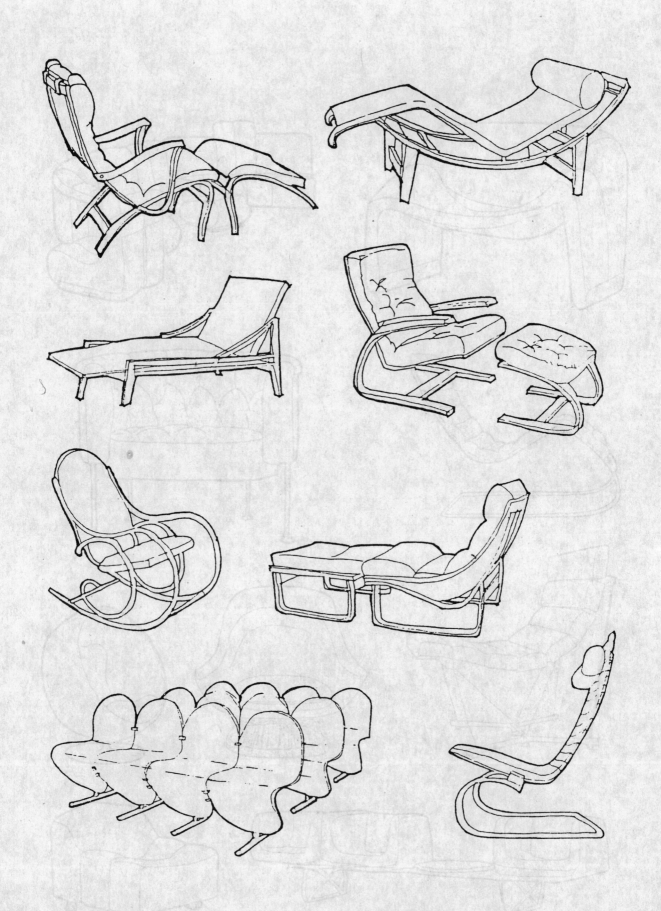

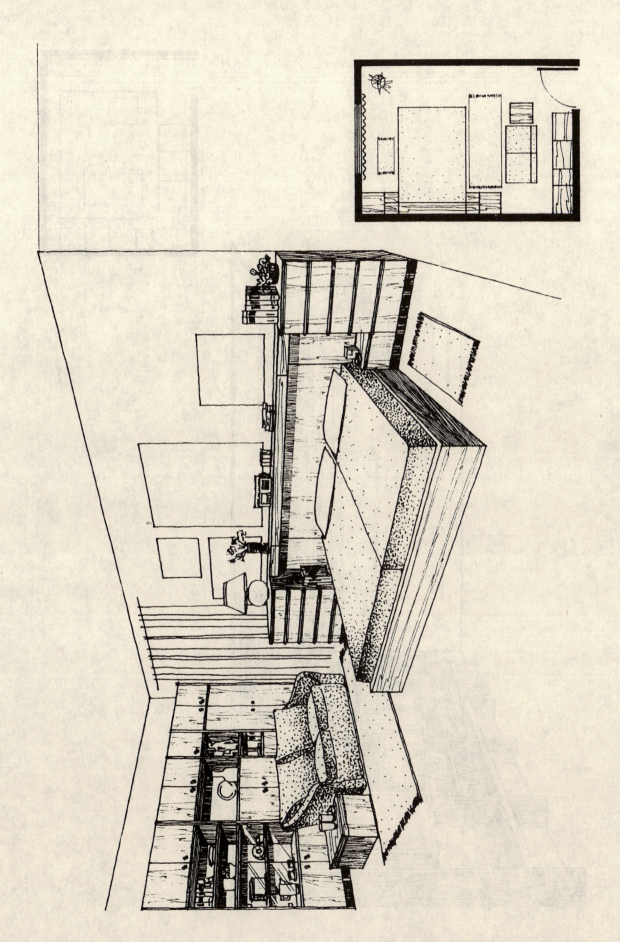

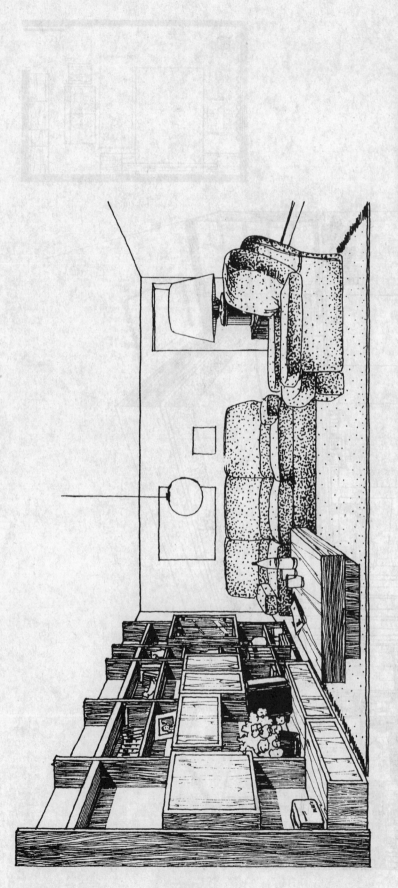
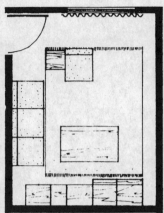

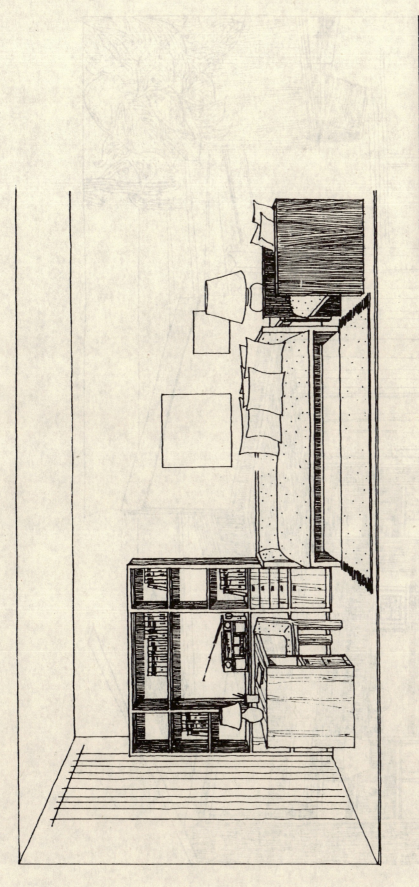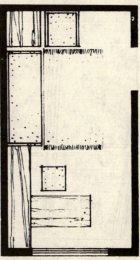

后 记

"家具设计"是一个专业，是一个严谨的学科；同时又是一个很普及的大众艺术。这是由于每个人所处的位置不同，角度不同，使得一个"家具设计"呈现出多种多样的不同的理解和认识，深度也不一样。说它深奥，确实是高深莫测，要用四年才能读完"家具设计"这个专业，还要再攻读研究生，真正能掌握家具设计这门学问，要用毕生的精力去钻研，去实践；说它一般，每个人都能说出有关"家具"的常见的一些道理和对于"家具"的评价，甚至有时这些评价非常到位，不亚于专家的评论。这就是"家具设计"这门学科的特殊性。本书的内容和深度是建立在"环境艺术设计"和"室内装饰装修设计"专业所要掌握有关家具设计方面的知识的基础上的。

"家具设计"又是紧密跟随社会、时代发展变化的，极具时代性和时尚性。说到家具的根本，是两个因素左右着"家具"，一是它的社会性，人们的居住条件、生活方式、文化素养和审美取向等都影响着"家具设计"，这些因素的时代性是很强的；二是生产家具的"科学技术"，这更是日新月异的飞快的发展与进步，不断的涌现出新的材料和工艺。"社会性"和"科学性"这两个方面都是极具活力和变化的因素。因而本书的内容主要立足于基本的设计规律、基本的美学法则和基本的设计程序，关于构造、材料和工艺更是基本的做法。

本书力求在家具设计这门学科上，在家具知识的基本骨架、内容大的架构上要全面、深度有一些。余下的，读者就要自己潜心的钻研、学无止境了。借用前一版后记的一段话："希望在学习的过程中努力理解家具设计的整体概念，领悟设计的本质，掌握设计的方法"。这永远是至关重要的。

为本书的修订和编辑，中国建筑工业出版社的胡明安先生倾注了很多的心血，还有其他人员为本书的修订给予了帮助和支持，在此一并表示深深的谢意。

李凤崧
2005 年 7 月 4 日

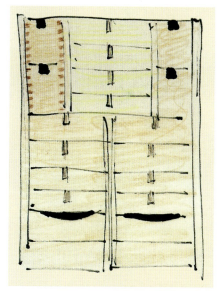
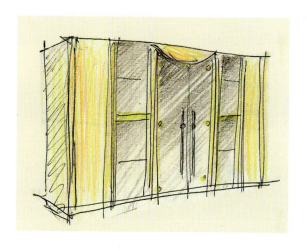

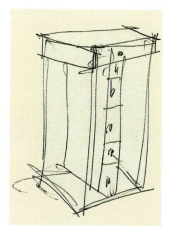

草图

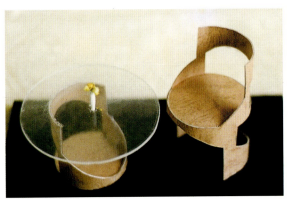

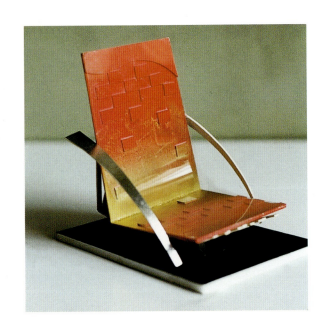

模型

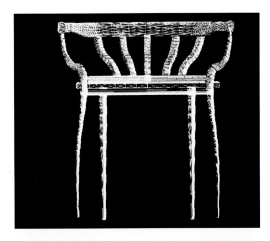
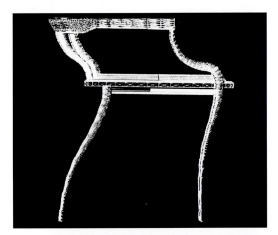
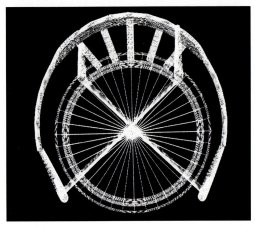

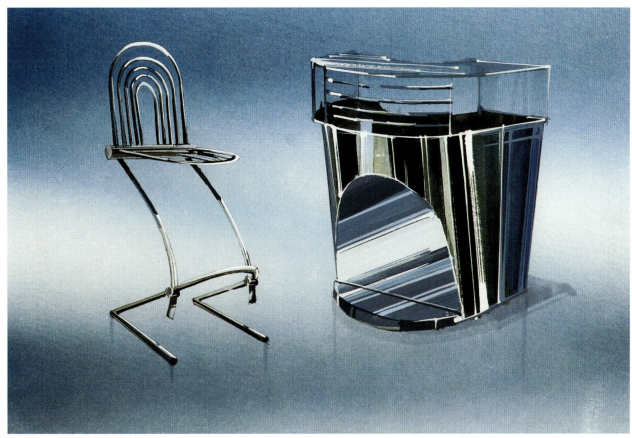

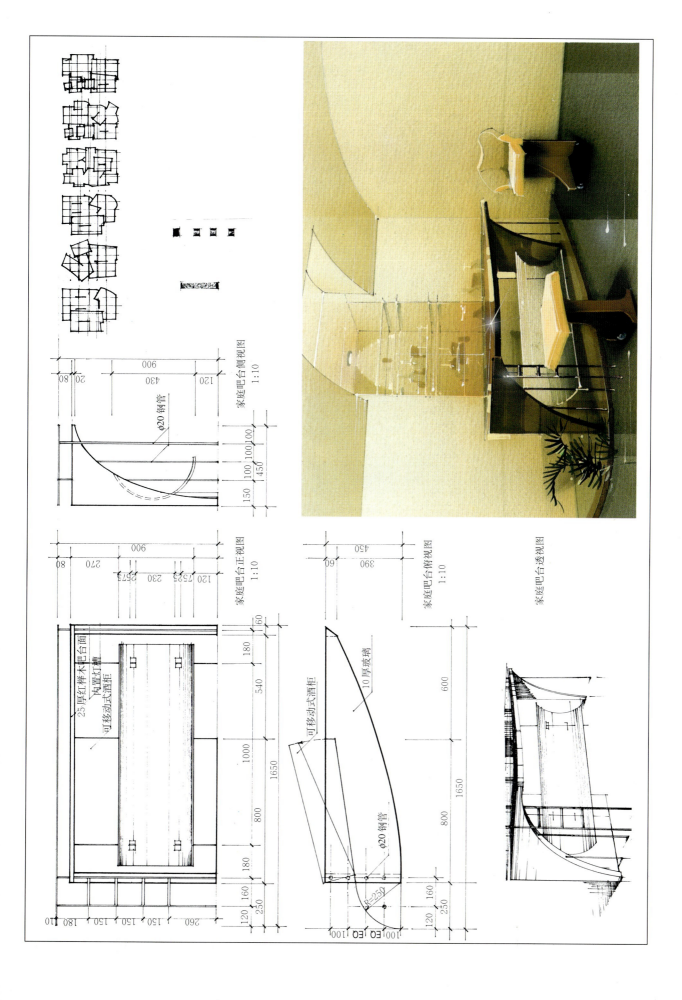

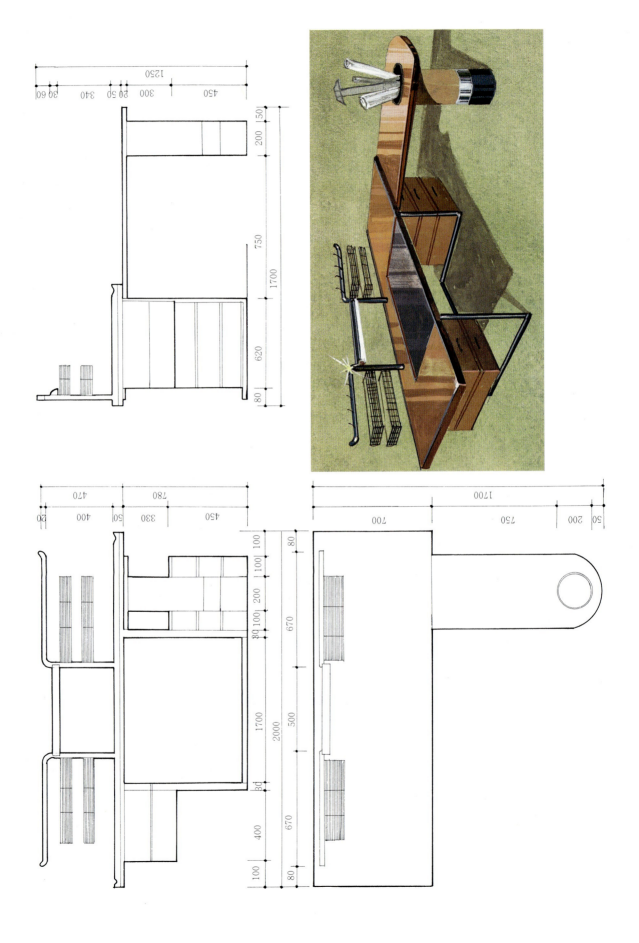

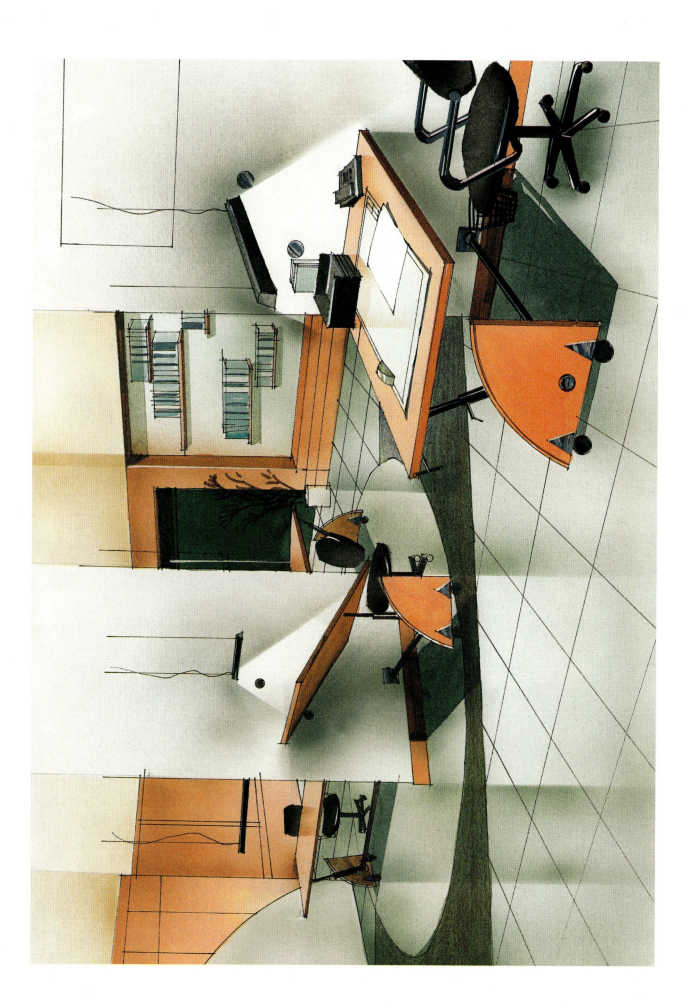

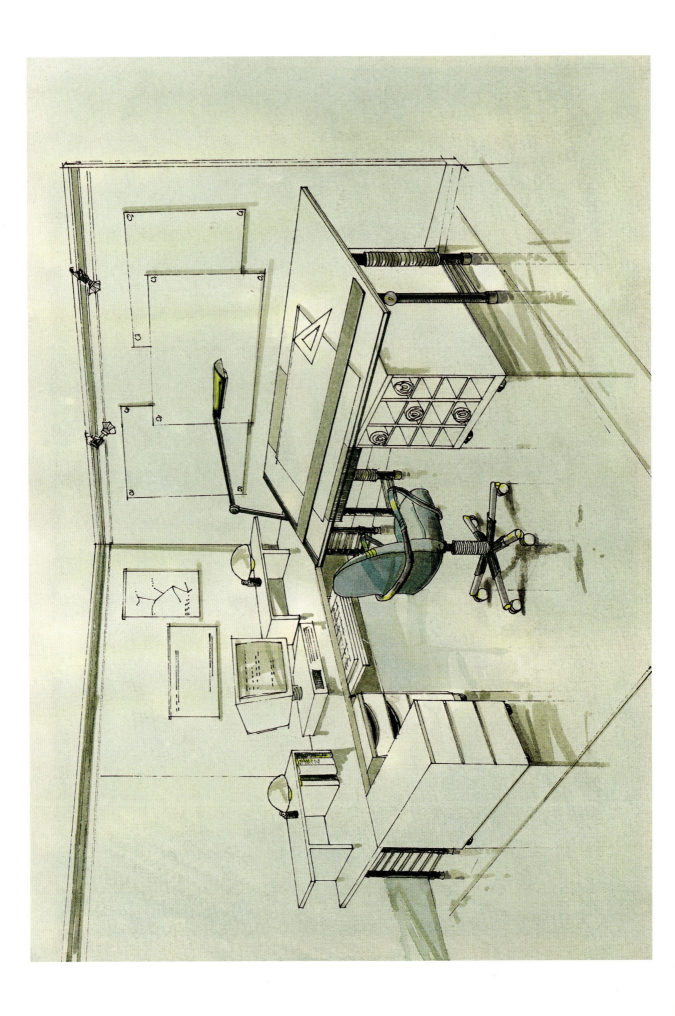